六堡茶种植与加工

陈森英　欧时昌　主编

中国农业大学出版社
· 北京 ·

内容简介

本书系统介绍了茶叶的基本常识，包括茶树的起源、茶叶的传播、茶叶的种类等，在此基础上着重介绍了六堡茶，不仅对六堡茶的历史进行了追溯，还介绍了六堡茶的栽培（主要包括种苗的繁殖、茶树的种植、茶园的管理、茶叶的采摘等）、六堡茶的加工（主要有古代的六堡茶加工、现代六堡茶的加工、六堡茶加工机械以及六堡茶产品的质量要求）、六堡茶的贮藏（如六堡茶大容量贮藏及家庭用茶贮藏），可谓对六堡茶的主要方面均有所涉及，为人们全面了解六堡茶提供了范本。

本书是一本关于六堡茶的学术专著，主要适合于从事六堡茶种植和加工的基础研究者阅读，同时对涉及茶叶研究和开发的科研人员、大专院校师生，以及医药、农林、食品、饮料、日用化工、饲料及其他诸多领域的专业技术人员也有参考价值。

图书在版编目(CIP)数据

六堡茶种植与加工/陈森英，欧时昌主编. —北京：中国农业大学出版社，2017.6(2021.1 重印)

ISBN 978-7-5655-1829-4

Ⅰ.①六…　Ⅱ.①陈…②欧…　Ⅲ.①茶叶-栽培技术-梧州②茶叶-加工-梧州　Ⅳ.①S571.1②TS272.4

中国版本图书馆 CIP 数据核字(2017)第 120971 号

书　　名　六堡茶种植与加工

作　　者　陈森英　欧时昌　主编

策划编辑　梁爱荣　　**责任编辑**　田树君

封面设计　郑　川　　**责任校对**　王晓凤

出版发行　中国农业大学出版社

社　　址　北京市海淀区圆明园西路 2 号　**邮政编码**　100193

电　　话　发行部 010-62818525，8625　读者服务部 010-62732336

编辑部 010-62732617，2618　出　版　部 010-62733440

网　　址　http://www.cau.edu.cn/caup　**E-mail** cbsszs @ cau.edu.cn

经　　销　新华书店

印　　刷　涿州市星河印刷有限公司

版　　次　2017 年 6 月第 1 版　2021 年 1 月第 2 次印刷

规　　格　787×980　16 开本　13.25 印张　170 千字

定　　价　29.00 元

编 写 人 员

主　　编　陈森英　欧时昌
副主编　徐　谦　黄燕群　梁战锋
参　　编　易　卫　苏　恒　韦洁群

前 言

六堡茶是指原产于广西苍梧县六堡乡的黑茶，后发展到广西二十余县，产地制茶历史可以追溯到一千五百多年前，清嘉庆年间就已被列为全国茗茶。六堡茶外形条索紧结、色泽黑褐有光泽、汤色红浓明亮、滋味浓醇甘爽，显槟榔香味，简而言之，具有"红、浓、醇、陈"等特点。

六堡茶的鲜叶采摘要求为一芽三、四、五叶，采下的鲜叶先经过初制工艺制成毛茶，毛茶再经精制加工成成品茶。

六堡茶的初制加工工艺包括杀青、揉捻、沤堆、复揉和干燥。杀青时先焖后炒，焖炒结合，嫩叶少焖，老叶多焖，杀青一般为5～6 min。精制工艺包括筛选、拼配、渥堆、蒸、压制成型这几个步骤，最后再将茶叶置于清洁阴凉、通风、无异味杂味的环境内陈化半年以上。

此外，六堡茶在保存的时候有几个注意事项：其一，六堡茶的茶叶不宜密闭，应略透气。可以用棉纸、宣纸或牛皮纸包裹存入瓷瓮或陶瓮内，瓮不必密盖，可以略为透气；其二，六堡茶茶叶应远离厨房及有怪味处；其三，六堡茶茶叶散仓味以每年10、11月吹北风时，让自然风吹最佳，因北风干燥，湿度在50％上下。另外，用电风扇微风吹也可以，但是要注意不要让太阳光直射。

本书第一章讲述了茶的历史文化；第二章重点介绍了六堡茶从栽种到采摘的整个生长过程；第三章以六堡茶的制作工艺为重点，讲述了六堡茶加工生产的全过程、现代制茶中使用的机械设备以及对六堡茶茶产品的质量要求；第四章介绍了影响六

堡茶贮藏的相关因素，以及在贮藏过程中的注意事项。

由于我们对六堡茶的认识源自于各种黑茶书，以及现行的一些六堡茶研究领域成果，在编写中难免有重叠与疏漏，不当之处敬请批评指正。

编　者

2017 年 1 月

目 录

第一章　茶叶的基本常识

第一节　茶树的起源

一、茶树的起源追溯

据可查的大量实物证据和文史资料显示，中国是世界上最早发现和利用茶叶的国家。

早在公元前2737年的神农时代《神农本草经》中就有记载，“神农尝百草，日遇七十二毒，得茶而解之”。200年《华佗食经》中也有记载“苦茶久食，益意思”。

780年，唐代陆羽《茶经》就已经全面地记载了茶的形态特征、茶树的栽种和采制过程、茶的功效，作为药用列入方剂的茶就有上百种。1753年，瑞典植物学家林奈在他所著的《植物种志》（1753年）第一卷中用拉丁文最早给茶树物种定了学名 *Thea sinensis*。茶树最初的学名是 *Camellia sinensis*（L），1950年，中国植物学家钱崇澍根据国际命名法有关要求，结合茶树特性的研究，修订了比较正确的茶树学名 *Camellia sinensis*（L）O Kuntze，在中国通用迄今。拉丁文名中带有云南，说明世界茶树物种的第一号标本采自于云南，所以他定论茶树物种的发源地在云南中南部澜沧江中下游流域。

另据目前进一步考证，云南省的临沧、普洱、西双版纳、曲靖、昭通等地都发现人工种植的古茶园和野生大茶树群落。临沧凤庆香竹箐大茶树，人称茶王之母距今3 200年；西双版纳勐海南糯山大茶树，人称茶树王，距今1 800年。这些历史的物证都有力地证明了我国是茶的祖国，云南是茶树物种的发源地，临

沧是茶树物种发源的中心地段。中国不但首先发现和利用茶，而且还带动人类的茶叶消费。早在1886年，中国产茶量就已达25万t，出口茶叶268万担(13.4万t)，1949年也曾落到过总量4.1万t，出口0.9万t，这可以说是中国对人类的一大贡献，发展到现在，茶已经成为人类不可缺少的生活必需品，成为国际市场消费的三大无酒精饮料(茶叶、咖啡、可可)之一，消费量日趋上升，饮茶有百益无一害的道理逐步被人们所认可。随着饮茶习惯的普及，中国的茶树物种、种茶和茶叶加工技术直接或间接传向其他国家，如印度于1780年由中国输入茶籽试种，因不得法失败；1834年后英国资本家纷纷组织大规模种植公司，再由中国输入茶籽，雇请中国技术工人，在印度东北部和南部一带发展茶叶生产，并派人到中国收集大量的茶树品种资源，调查茶叶栽、制方法，于是，印度不到100年时间一跃成为世界上最大的茶叶生产国；斯里兰卡专门引进中国技术工人；苏联虽曾派专家到中国的凤庆帮助中国提高制茶技术，但是苏联格鲁吉亚历史上的第一届茶厂长、苏联第一届茶学会主席胡秉躯是中国人；日本茶神荣西尚师和尚是向中国和尚学的种茶。这些都可以有力地证明：中国是茶的故乡，是世界茶树的原产地。

时至今日，中国仍然是世界产茶大国。全国拥有茶园面积1 900多万亩(1亩≈667 m^2，全书同)，居世界第一位，总产量约79万t，居世界第二位，出口量约28万t，位居第三，中国国内市场消费量为45万～50万t，也是世界茶叶消费大国。世界总产茶量3 097万t，消费总量约3 000万t，总体上产大于销。云南是中国的主要茶区，现有茶园面积290多万亩。2005年产量突破10万t大关；临沧市有茶园面积80多万亩，产量近3万t。

茶在中国国民经济和人民生活中占有十分重要的地位。中国历来比较重视茶叶生产，特别是新中国成立以后，国家采取了很多扶持茶叶生产的政策，使茶叶生产规模不断扩大。1950年全国茶园面积只有16.9万 hm^2，发展到现在茶园面积已经有127万 hm^3，茶业从业人员队伍十分庞大。如云南的第一大茶区——临沧，230 万总人口中有 180 多万人与茶有关，茶叶总产值占全市总产值的 10%以上，在山区的经济发展中起着不可替代的作用。

二、茶的利用历史概述

（一）源自神农时期

早在公元前 2737 至前 2697 年的《神农本草》一书中曾经指出："神农尝百草，日遇七十二毒，得茶而解之。"即在公元前的神农时代就发现了茶，并用为药料。但用为饮料，可能是采自野生的，也可能采自栽培的。唐代陆羽的《茶经》载："茶之为饮，发乎神农氏。"在中国的文化发展史上，往往把一切与农业、植物相关的事物起源皆归功于神农氏。也正因如此，神农氏才被人们尊称为农之神。

至于茶何时开始作为饮料，史料极缺，只有公元前 59 年的王褒《童约》一文，是一张对佣人的契约，其中曾提到"武阳买茶""烹茶尽具"等工作内容。指明茶叶在那时已成为商品，客来敬茶，要把烹茶饮茶的器具先准备好。可证明当时饮茶之事已成为富家贵族的家常了。

（二）"茶"字的由来

从茶的利用和方言来看，蜀的西南称茶为葰，云南称茶为茗等，无疑是产自中国西南少数民族聚集的地区，故宋朝范成大有诗"蜀士茶称圣"之说。《诗经》是中国最古老的一部诗集，约出自公元前 1134 年至公元前 597 年间，其中有"谁谓荼苦，其甘如荠"等诗句，是最早出现"荼"字的古籍，根据唐代陆羽《茶经》中的记载"啜苦咽甘，茶也"，许多专家考证这个"荼"是茶，《诗经》中的荼即指茶，亦指苦菜、茅草等，一字多义。这指明当时人们在利用茶的过程中，已经对茶的特性有了一定的认识，并在诗歌中反映出来。

三、茶树的树龄与茶品

茶苗种植三年以后方可采摘，太早采摘将影响以后的收成，茶树枝芽被采摘后，会从侧腋再行长出新芽，就是下次采摘的对象。为使采摘面整齐，而且控制茶树高度，每季采摘后会修剪采摘面。如此一次又一次的采摘与修剪，枝芽长得愈来愈密，叶子长得愈来愈小，品质就会下降，这时补救的办法就是从根部离地不远的地方如大约 20 cm 给予砍除，即所谓台刈(yì)，使茶树从基部重新长出新枝，这样就犹如新种的茶树一般，又可采收好长的一个周期。茶树从种植到 10 年左右可达盛产期，待产量衰退后可用台刈让其恢复，几次台刈后茶树若已老化，就得挖掉重新种植。

一般来说，树龄与茶青品质并没有绝对的关系，只要树势强壮，茶青的品质就佳。一般所说的"年轻茶树品质较佳"是基于两个观点而言：一是年轻的茶树，其土地的地力一般说来较佳，新开垦的土地不说，即使更新后的茶园也会深耕翻土，并施予基肥，茶青品质当然不错；二是指修剪成矮树丛型的茶园，一次又一次的采收与修剪，枝芽长得愈来愈密愈细，品质相对地降低，若是不加修剪的茶树，或是修剪次数还不是很多的情况，加上土壤照顾得宜，是不会有"只有年轻才好"的现象的。

在照顾得当的情况之下，茶树长得成熟些(如 5～8 年后)，其茶青制成的茶更能显现其品种的特性。自然成长下的茶树是可以活上数百年的，千年以上的茶树仍然可以见到。采收一段时间后，应该给茶树补充养分，这时若只是施用化学肥料，慢慢地茶青的品质就会下降，即使叶子长得肥大，但品质并不佳，应该施以较接近自然生态的有机肥料，而且避免使用杀草剂，这样才能持续地力，保持茶青的品质，也才能够延长茶树的采青年限。

四、茶树生长的土壤环境

(一)土壤性状

茶树的生长发育离不开光照、温度、水分、空气和养分五大环境因素，而土壤提供了茶树所需的极大部分的水分和养分，包括一部分温度和空气；同时，茶树常年扎根立足在土壤上，其生长与土壤质地的好坏、养分含量的高低、酸碱度的大小、土层的厚薄等有着不可分割的关系。

1. 土壤质地

茶树必须生长在湿润的土壤环境中，但土壤不能积水。土壤水分过多，会通气不良，形成土壤缺氧环境，使茶树生长不良，严重的根部变黑腐烂，引起死亡。因此，种茶的土壤必须拥有良好的排水性能，地下水位应在地表 1 m 以下，最好是土质疏松，通气性良好的壤土或沙壤土。

2. 土壤酸碱度

茶树的根系汁液中含有较多的有机酸，如果生长在碱性土壤中，碱的侵入会对根系细胞造成破坏。茶树只能生长在酸性土壤中，pH 的范围一般为 4.0～6.5，其中以 pH 4.5～5.5 为最好(表 1-1)。酸性土壤含有较多的铝离子，酸性越强，铝离子越多。对大多数植物来说，铝不是重要元素，甚至有毒害作用，但茶树不同，健壮的茶树含铝量高达 1%左右，才能够较好地满足茶树对铝的需要。同时，酸性土壤含钙较少，钙虽然是茶树生长的必要元素，但数量不能太多，如果超过 0.3%，就会影响生长；超过 0.5%，茶树就会死亡。一般酸性土壤的含钙量正好符合茶树生长的需要。

表 1-1　土壤 pH 对茶树生长的影响　　g/株

项目	pH					
	4.0	5.0	5.5	6.0	7.8	8.0
地上部重	3.60	4.41	7.50	4.50	1.83	1.15
地下部重	1.55	2.63	4.87	2.90	1.33	1.00

来源：邹彬. 优质茶叶生产新技术[M]. 石家庄：河北科学技术出版社，2013.

最简单的土壤酸碱度测定方法，是用石蕊试纸比色测定，也可以实地调查酸性指示植物做出判断。一般来说，生长有铁芒萁、映山红、马尾松、杉木、杨梅、油茶等植物的土壤都为酸性，适宜种茶。

3. 土壤厚度

茶树根系发达，是多年生的深根性植物，在土层深厚的土

壤中可以得到良好的发育。适宜茶树生长的土壤，不但表土层要厚，而且全土层也要厚（图 1-1）。据实地试验测定：同一块地，同一品种和相同管理条件下，茶叶产量与土层深度的关系十分密切。通过表 1-2 可以看出，土层深度越厚，茶叶产量越高。

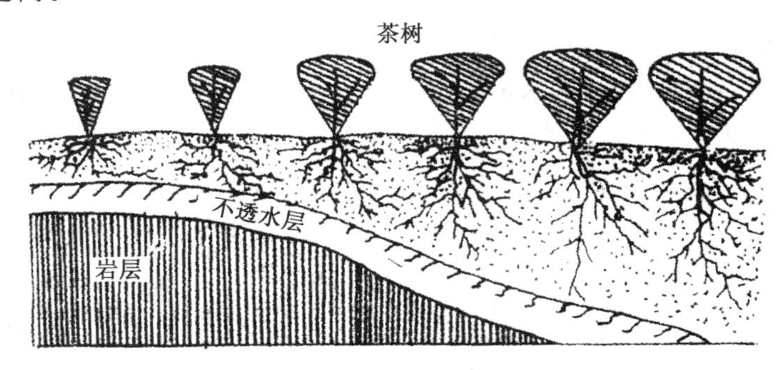

图 1-1　茶树长势与土层深度关系示意图

来源：邹彬. 优质茶叶生产新技术[M]. 石家庄：河北科学技术出版社，2013.

表 1-2　茶叶产量与土层深度的关系

土层深度/cm		茶叶产量/
幅度	平均	（kg 干茶/亩）
38～49	43	130.4
54～57	65	168.9
60～82	73	219.0
85～120	102	267.6
120 以上	—	361.3

来源：邹彬. 优质茶叶生产新技术[M]. 石家庄：河北科学技术出版社，2013.

实践证明，种茶的土壤深度一般应不少于 60 cm。然而在考虑土层厚度时，还必须结合当地成土母岩的种类和风化程度。例如浙江龙井区的白沙土，尽管表土不厚，但通过深翻和重施有机肥料等改土措施，母岩很快风化为烂石，这种土壤依然适宜种茶，并可获得高产优质的制茶原料。

只要地区的土壤质地、酸碱度和土层厚度基本满足茶树生长的要求，就可通过施肥、耕作、铺草等管理措施，培育成为丰产的茶园土壤。土壤基础条件越高，茶园单产越高。因此，低产劣质茶园应通过土壤诊断，找出具体限制因素，有目的地改良土壤。

此外，适宜种茶的土壤，还应有良好的团粒结构和比较丰富的营养物质。所以，在茶园管理过程中应及时增施有机肥料、合理耕锄，以促进形成团粒结构，改良土壤。

（二）地形条件

局部的气候、土壤和茶园管理的效率都与地形有着重要的关系。茶园地形条件，主要指 4 个方面：海拔高度、地势起伏、坡度和坡向。

1. 海拔高度

海拔高度不同的地区，其热量条件也不同。在海拔 1 500 m 以下，一般每升高 100 m，温度降低 0.3～0.4℃。随着海拔的增高，茶园积温减少，茶树生长期也随之缩短。茶园海拔在 200～700 m 范围内，茶树往往生长良好，茶叶产量和品质也较好；超过 1 000 m 的茶园，茶树生长不如前者，且易发生白星病。

2. 地势起伏

一般地说，地势起伏越小，越有利于茶园集中成片，有利于水利建设和机械操作。地势起伏与地形类型有关，通常指的是地表的相对高差，平地高差通常小于 20 m，丘陵高差不超过 100 m，切割山地可超过 100 m。因此茶园建设在平地或缓坡比丘陵地有利。但有的地区茶树主要种植在丘陵山地，所以在选择茶园地块时，不必强求集中成片、水利建设和田间机械作业，应按照实际情况具体设计。另外，热量和水分的分布也与地势有关。例如，四周没有屏障的孤山，山间峡谷冷空气容易下沉，冬季易受寒冻灾害，不适宜种茶；近海地区，特别是高山迎风面，受海洋季风的影响，夏季容易遭受狂风暴雨袭击，引起土壤冲刷，因而建园时应注重保土措施。

3. 坡度

茶园接受太阳热量的多少和温度的昼夜变化与坡度大小有关。同样向阳的南坡，坡度大的比坡度小的接受的太阳辐射量多。但随着坡度的增大,水土冲刷加重,对茶树生长也不利。据测定,坡度在 20°的新垦茶园,第一年的土壤冲刷量可达到每亩 16.7 t,是坡度为 5°的茶园(每亩冲刷量 4.95 t)的 3 倍多。因此,新茶园的坡度最好不超过 30°。因为坡度太陡,不但建园费工,而且管理困难,茶叶产量也不会高。

4. 坡向

与谷地、平地茶园相比,向阳的坡地茶园由于受光强度大,又可以减轻或避免寒风的袭击,冷空气容易下沉,因而冬季的气温相对较高。南坡与北坡相比,更容易获得较多的热量,近地面的地温比较高,蒸发量较大。因此在夏季较为干旱的地区,南坡种茶尤其要注意抗旱保水。东坡和西坡的效果介于南坡与北坡之间,然而东坡上午温度高,下午温度低,西坡却恰好相反,但总体来说,东坡温度不及西坡。在茶园建设规划时,对这些情况应有所考虑。

五、茶树的形态

茶树属于高等植物的种子植物门双子叶植物纲山茶目山茶科茶属。茶树的器官有根、茎、叶、花、果实、种子。

(一)根

根有主根和侧根的区别,属于直根系。随着时间和环境条件的变化,可以发展为分枝根系(图 1-2)和丛生根系(图 1-3)类型。

分枝根系多出现在茶树的壮年期,它的特点是侧根发育强壮;侧根的粗度和长度与主根相似,有的超过主根。这种根系能最大限度地利用土层,吸取土壤中的养分,是茶叶丰产的性状。丛生根系是因生长在有硬盘结构的土壤内,土层浅,地下水位较高,主根衰退或移栽时被切断,由侧根发育而成。这种根系主要按水平方向生长,分布于土壤的表层。

各种根系类型,都是依靠末梢根吸收土壤养分的。这种根呈白色,有根毛,称为吸收根。

图 1-2 茶树的分枝根系

来源：包小村. 茶树栽培与茶叶加工实用技术[M]. 长沙：中南大学出版社，2011.

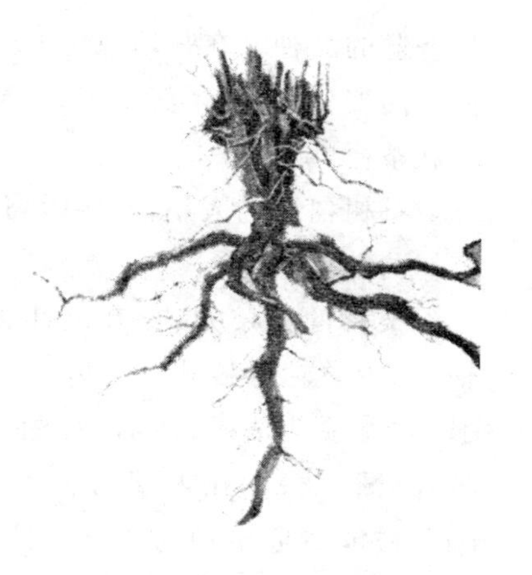

图 1-3 茶树的丛生根系

来源：包小村. 茶树栽培与茶叶加工实用技术[M]. 长沙：中南大学出版社，2011.

茶树的吸收根在茶园内分布有着一定的规律，分 3～4 层，一半以上分布在水平幅度 80 cm、深度 40 cm 范围内，而在深度 20～30 cm，根幅最大，一般可达 140～160 cm。因此，茶园耕作应该按照茶树根系分布的特性，避免根系的损伤。

在不同的耕作技术和不同的环境条件下，根系结构可能发生多种多样的变化。例如合理深耕，可以促使根系向土壤深层发展；施肥太浅，可以诱导根系向土壤表层生长；中耕除草不及时，可以破坏茶树根系的结构；生长在土层深厚的红、黄壤里，主根可深达 1 m 以上；在沙质土里，主根可深达 2～5 m；而在有硬盘结构的黏质土里，则只在硬盘上的表层土内生长。

(二)茎

茎由幼芽发育而成，根据茶树树冠的特征，可分为乔木型和灌木型茶树。

乔木型茶树，主干高大，侧枝细小，主干与侧枝容易区别。我国云贵高原，至今还有野生乔木型茶树。

灌木型茶树，主干矮小，而且主干与侧枝很难区别，骨干枝大部分自根茎生长出来，成丛生状态。灌木型茶树是目前栽培

最普遍的品种。在栽培条件下，也有一些树形较为高大的品种，如湖南安化大茶树、江华苦茶，介于乔木与灌木之间，属于半乔木状茶树。

茶树树冠的大小，直接影响茶叶的产量，树冠扩大又决定于茶树的分枝。

茶树的分枝方式，在幼年期主干与侧枝都由顶芽形成主轴，称为单轴分枝式；一般生长四五年之后，顶端优势逐渐衰退，或者顶芽枯死，然后由下面的侧芽形成主轴，称为合轴分枝式（图 1-4）。在采摘情况下，合轴分枝构成树冠的主体，合轴分枝能造成主轴的曲折多枝，故能扩大树冠的开张度，具有丰产性能。

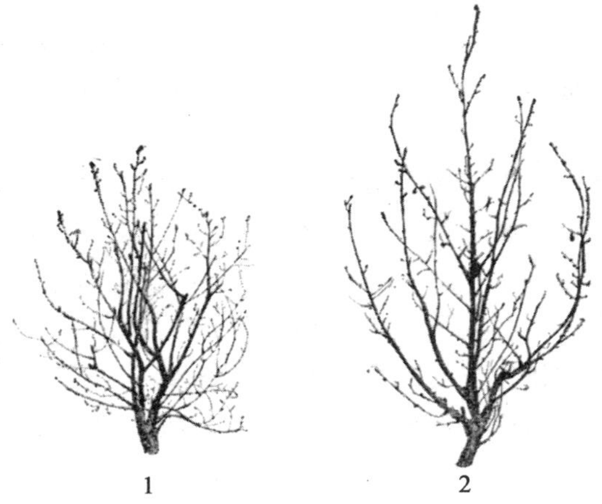

1. 茶树合轴分枝；2. 茶树单轴分枝

图 1-4　茶树的分枝方式

来源：包小村. 茶树栽培与茶叶加工实用技术[M]. 长沙：中南大学出版社，2011.

茶树的新梢，一年可发生 3 次。春季生长的叫春梢，夏季生长的叫夏梢；秋季生长的叫秋梢。

新梢上着生很多芽（图 1-5），位于顶端的叫顶芽，位于叶腋的叫腋芽，没有固定位置的叫不定芽（如根蘖）。芽的大小和形状，随品种、环境条件而异，一般为黄绿色、绿色或带有紫色，外面由 2～4 枚鳞片保护着。

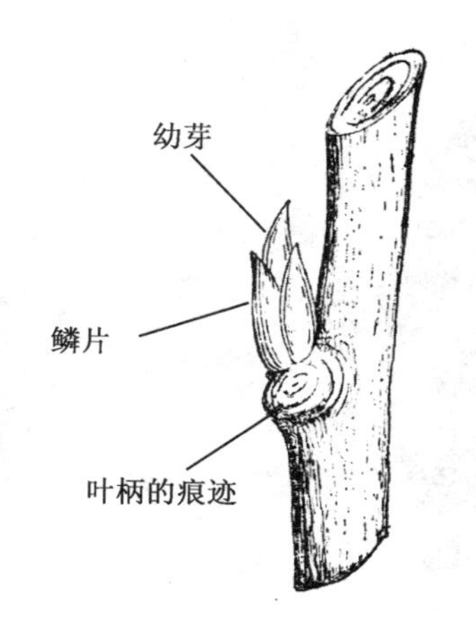

图 1-5 芽的构造

来源：包小村. 茶树栽培与茶叶加工实用技术[M]. 长沙：中南大学出版社，2011.

（三）叶

叶分为叶柄和叶片两部分。叶片中间有一条主脉，主脉上分生侧脉，侧脉伸展至叶缘 2/3 的部位向上方弯曲，而与支脉联络，构成网状封闭系统。叶脉对数多的为 10～15 对，一般为 8～10 对，少的为 5～7 对。叶形有椭圆形、卵形、倒卵形、圆形、披针形等（图 1-6，图 1-7）。叶色有浅绿、绿、深绿、黄绿或杂有红、紫等色泽。叶缘有锯齿，平展或作波状，也有向背翻卷的。叶尖有渐尖、骤尖、尾尖、纯尖、圆浑、凹头等。叶基有楔形、狭长形、圆形等。

鱼叶系发育不全的叶，叶形小，仅有主脉，而侧脉不明显，着生于新梢的基部。

叶片的各种形态、大小和叶色，受栽培条件的影响变异很大，是鉴别茶树品种的重要依据。

叶片的解剖结构分表皮和叶肉两部分。表皮外面有角质层，可以防止细菌的侵入和水分的蒸发，提高抗逆能力；下表皮有气孔，是水分、空气出入的孔道，茶树的蒸腾作用便是通过气孔的调节完成的。因此，气孔数目的多少，可以作为茶树适应性强弱的一种表现特征。下表皮有些细胞向外突起，形成茸毛，在

1. 渐尖;2. 楔形

图 1-6　叶的形态(椭圆形)

来源:包小村. 茶树栽培与茶叶加工实用技术[M]. 长沙:中南大学出版社,2011.

1. 渐尖;2. 狭长

图 1-7　叶的形态(广披针形)

来源:包小村. 茶树栽培与茶叶加工实用技术[M]. 长沙:中南大学出版社,2011.

未开展的芽叶上最为显著。叶片成熟后,茸毛便自行脱落。茸毛多少,是成茶品质的重要标志。

叶肉由栅状组织和海绵组织组成。栅状组织和海绵组织之间,有叶脉。栅状组织位于上表皮下面,通常为两层圆柱状细胞,并列整齐,也有仅一层圆柱细胞的。在栅状组织下面的为海绵组织,是一些椭圆形细胞,排列疏松而不整齐。海绵组织内有大的空腔,称为气室,细胞内有液泡,主要是贮藏养料。栅状组织与海绵组织的比值,可以作为茶树品种选育的依据。海绵组织越发达,内含物越丰富,水浸出物也就越高。

(四)花

花由花托、花萼、花瓣、雄蕊、雌蕊组成。着生在枝上的部分,称为花柄,花托,圆平。花萼,绿色,圆形(一般 5～7 片),至果实成熟也不脱落,故称宿萼。

花瓣白色,通常由五瓣构成花冠,但也有六七瓣的。花瓣基部联结成短喉,着生有雄蕊。

雄蕊有200～300枚，排列数轮着生于雌蕊的周围，每一雄蕊分花丝、花药两部分，是制造精细胞的器官。

雌蕊分子房、花柱、柱头三部分。子房下面有蜜腺，能分泌蜜汁，子房内有胚珠，是发育卵细胞的器官，子房上面为花柱，柱头3～5裂，可以黏附花粉。

茶花（图1-8）排列在枝条上的位置，为3～5朵腋生，属于丛生花序类型，但也有单生的。丛生花序由总状花序演进而来。茶树的花序（图1-9）有一个特点，顶芽并不发育为花芽，在花期过后，顶芽继续生长为新梢，在营养充沛的情况下，开花期间顶芽也能长成新梢，这样便使花着生在新梢的基部，所以有称为假总状花序的。

图1-8　茶花

来源：包小村. 茶树栽培与茶叶加工实用技术[M]. 长沙：中南大学出版社，2011.

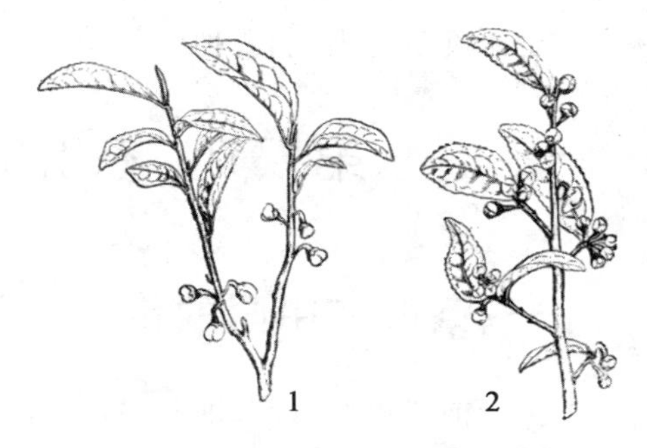

1. 营养芽继续生长；2. 营养芽被抑制

图1-9　茶树的花序

来源：包小村. 茶树栽培与茶叶加工实用技术[M]. 长沙：中南大学出版社，2011.

茶树的盛花期在10—11月。茶花的寿命很短，一般2～3 d，只有在阴雨天气里，才能延长到一个星期左右。茶花为虫媒花，花粉经昆虫传到雌蕊的柱头上，雌蕊在卵细胞受精后发育成果实和种子。

（五）果实和种子

果实和种子形成的幼果，至翌年8—9月份，外种皮变为黄褐色，种子含水量在70%以上，脂肪含量为25%左右（去种皮）。

果皮为黄褐色或带有棕褐斑点。

10月份，外种皮转为黑褐色，子叶变得很脆硬，种子含水量降为40%～50%，脂肪含量升至30%左右（去种皮），果皮呈棕褐色，干燥时即可自果顶背缝线裂开，使种子脱落，故称蒴果。

茶树的坐果率是很低的，一般都在10%以下。据生产实践：严格控制采摘、蓄养春夏茶，多施有机肥料和磷钾化肥；在开花盛期（最好在上午9时以前）进行人工授粉，或放养蜜蜂，以增加授粉机会，均可以提高茶籽产量。

种子的形状不一，呈黑褐色。一室一粒的为圆形，一室二粒的为半圆形，一室三四粒的，夹在中间的呈压扁状，种子的底部有脐，是幼胚着生在果皮上的柄痕，播种后，水分便从这里渗入，在一定温度条件下，刺激种子萌发。

第二节　茶叶的传播

一、茶叶在中国的传播

公元前5世纪以前，即我国从原始社会到奴隶社会时期，是我国发现和利用茶的初级阶段，这时期茶的生长和利用局限于巴蜀地区。人们从野生茶树上采摘新鲜绿叶，当作药物或食用蔬菜。后来野生茶树满足不了日益增长的需求，人们开始进行人工栽培茶树，简单的茶叶加工方法也逐渐发展起来，并出现了茶作为贡品的记载。

公元前3世纪至公元6世纪，为秦、汉过渡到南北朝的时期，茶叶除广泛作为贡品、祭品外，开始在客栈、饭馆和集市上出售。茶的栽培区域逐渐扩大，茶业由巴蜀地区向东移，长江流域的丘陵地带出现了新的茶园。茶叶商变得越来越富有，开始叫人打制一些精美昂贵的器具用以喝茶，这也代表着其财富和地位。

6—14世纪，即隋、唐、宋、元时期，被认为是古代茶业的“黄金时代”。茶从南方传到中原，再从中原传到边疆少数民族地区。上至皇室贵胄，下至贩夫走卒，都纷纷喝茶，一时间茶成为"举国之饮"。种茶规模和范围不断扩大，生产贸易重心转移到长江中下游地区的浙江、福建一带。种茶、制茶技术有了明显的进步，茶书、茶著相继问世，茶会、茶宴、斗茶之风盛行。国家对茶进行管制：茶税从唐代开始征收，至宋代则将茶税改为茶课，用茶来控制敌人，用茶与游牧民族交换备战物品，同时为了维持财政，实施茶叶专卖。这时期在中国茶史上最大的贡献应是茶不再仅仅是一种生活消耗品，更是一种精神消费品。唐代著名茶人陆羽(733—804年)经过广泛的实践和深入的研究，写出了人类文明史上第一部茶学专著——《茶经》，使"天下益知饮茶"，大大推动了茶文化的传播。陆羽的《茶经》全面总结了唐代以前茶叶的生产、制造，茶具的种类、使用，烹茶的技艺、要求，并对各地名茶作了分析比较，还辑录了历代茶事。茶不仅能满足人们的口腹之欲，更具有提精安神、愉悦身心的作用。自陆羽后，越来越多的文人喝茶、咏茶，以茶入诗、以茶入画、以茶养身、以茶明志。茶开始融进深厚的中华文化内容。

14世纪至20世纪初的明清时期，茶叶的制作由团饼逐渐过渡到叶茶、芽茶，并且开发了两个新茶叶品种——红茶和花茶；喝法亦由崇尚自然的"清饮法"取代了唐宋精细的"煮饮法""点茶法"；中国台湾省茶区得到开发，栽培面积、生产量曾一度达到新中国成立前的历史最高水平；茶文化深入到大众之中，茶馆在全国各地兴盛；工夫茶开始兴起，茶俗在民间被广泛运用；茶叶产品走出国门，销往世界各地，茶叶外销机构得到发展。但由于鸦片战争中帝国主义列强的殖民统治，社会的动荡不安和全国经济、文化的萎靡不振，我国的茶业在痛苦的挣扎中逐渐走向衰落。

新中国成立后，自1978年开始实行改革开放，中国茶业出现了前所未有的局面：茶叶产区遍布浙江、安徽、四川、台湾、福建、云南、湖北、湖南、贵州、广东、广西、海南、江西、江苏、陕西、河南、山东、甘肃以及西藏等19个省(自治区、直辖市)；茶园近200 hm^2，茶叶产量近150万t；茶叶出口量提高；茶业科技逐步

复苏并走向有组织、有计划的发展阶段；茶业教育受到高度重视，建立起不同层次的教育体系；茶书、茶论的编撰也呈现出兴旺局面；在我国的浙江、香港、台湾还出现了规模各异的茶博物馆；全国大、中、小城市的茶艺馆如雨后春笋般涌现；茶文化团体应运而生，茶文化学术活动蓬勃开展。中国茶业迎来了一个明媚的春天，茶文化成了中华文化大花园中的一朵奇葩，芳溢四海，味播九洲。

二、茶叶在国外的传播

（一）茶叶向东传入朝鲜和日本

632—646 年，中国的饮茶习俗及茶艺文化被导入当时的新罗。828 年，新罗使节大廉由唐带回茶籽，种于智异山下的华岩寺周围，从此朝鲜开始了茶的种植与生产，并把从唐宋习得的茶法融会贯通，创造了一整套具有其民族特色的点茶法和茶道礼仪。

据文献记载，约在 593 年，中国在向日本传播文化艺术和佛教的同时，也将茶传到日本。当时日本不种植茶叶，日常消费的茶叶都来自中国。804 年，日本天台宗之开创者最澄来华，翌年回国，把带回的茶籽种在日本近江的台麓山，从此日本亦开始种植茶叶。与最澄同时来华的还有日本僧人空海和尚，据说他回国时不仅带回了茶籽，还带回了中国制茶的石臼及蒸、捣、焙等制茶技术。当时日本饮茶之风因和尚们的提倡而兴起，饮茶方法和唐代相似。9 世纪末到 11 世纪期间，中日关系恶化，茶的传播因之中断，茶在日本也不再受宠。直到 12 世纪，两国关系得到改善后，日本僧人荣西来华学习达 24 年之久，他回国后带回更多的茶籽，也将中国饮用粉末绿茶的新风俗带回日本；他还悟得禅宗茶道之理，著有《吃茶养生记》，创造了日本茶道的理念，是日本茶道的真正奠基人。后历经几代茶人的努力，日本的茶道日臻完善，茶“不仅是一种理想的饮料，它更是一种生活艺术的宗教”（冈仓觉造）。

（二）茶叶向西传入欧洲

茶向欧洲的传播，有陆路和海路两种途径。罗马人马可·波罗（1254—1324 年）在《马可·波罗游记》中记载了有关中国茶叶的故事。17 世纪，葡萄牙人通过海路把中国茶叶带到里斯本，荷兰东印度公司又把茶叶从里斯本运送到荷兰、法国和拜耳迪克港口。茶叶一进入欧洲，法国人和德国人就都表现出浓厚的兴致，英国商人甚至在当时的《信使政报》上做广告。但茶只停留在上流社会，并未普及到平民阶层，也未列入日常饮品。茶在欧洲的转机应归功于当时葡萄牙籍的英国王后凯瑟琳。她在 1662 年嫁给英国国王查理二世时带了一箱中国茶叶作为嫁妆，并在宫中积极推行饮茶。但当时茶叶价格一直在每磅 16～60 先令，茶仍是富人才能享用的饮品。到 18 世纪后期，茶才成为英国最流行的饮品，茶的消费量由 1701 年的 30.3 t 增加到 1781 年的 2 229.6 t，人们可在家中或在伦敦新建的一些时尚茶舍里饮茶。到 19 世纪初期，茶可在一天中的任何时间饮用，特别是在晚餐后饮用有助于消化。19 世纪 70 年代，斯里兰卡成为英国的一个主要产茶区，当时有一位独具慧眼的商人托马斯·立顿在斯里兰卡种植茶园，生产茶叶并直销到英国市场，茶叶开始广泛进入平民家庭，有“床茶”“晨茶”“下午茶”和“晚茶”。其中“下午茶”最为隆重，也成为英国文化的一个重要组成部分。

（三）茶叶向南传入东南亚、南亚

茶向东南亚或南亚传播，有陆路和海路两条途径。毗邻中国的缅甸、泰国、越南和印度北部等国在秦朝统一后，民间及朝廷交往日频，已有茶传入的可能；唐、宋和元三个朝代，泉州是最繁忙的对外贸易商港，茶叶亦是出口商品之一；15 世纪郑和下西洋时，茶叶作为一种礼品亦被带到这些邻近的亚洲国家。

印度很早就自西藏传去茶的吃法。约在 1780 年，东印度公司引进茶种，但种植失败。1834 年，成立植茶问题研究委员会，派遣委员会秘书哥登到我国购买茶籽和茶苗，访求栽茶和制茶的师傅，带回很多专家和技工，回国后在大吉岭种茶成功。1836 年，在阿萨姆勃鲁士的厂中，按照我国制法试制茶样成功。现在

印度已成为世界上最大的茶叶生产国之一，拥有13 000多个种植园，从事茶叶生产的劳动力超过300万人，生产的红茶约占世界红茶产量的30%，CTC（指通过两个不同转速的滚筒挤压、撕切、卷曲而成的颗粒的碎茶）茶约占65%。其中大吉岭茶已成为国际知名品牌。

1867年，苏格兰人詹姆斯·泰勒在斯里兰卡76 890 m^2的土地上进行了首次茶种播种，并在茶叶生产上学习中国武夷岩茶制法，制造了首批味道鲜美的茶叶，为斯里兰卡早期茶叶种植业的成功做出了巨大的贡献。1873—1880年，斯里兰卡的茶叶产量由10.4 kg上升到81.3 t，1890年达到22 899.8 t。20世纪后，斯里兰卡的茶业得到更大的发展，到今天，许多人认为斯里兰卡的优质茶叶是世界上最好的茶叶之一，它的拼配红茶在国际上也享有很高的声誉。

印度尼西亚于1684年自中国引种茶籽，1827年由爪哇华侨第一次试制样茶成功。1828—1833年，荷属东印度公司的茶师杰克逊先后六次从我国带回技术和熟练的茶工，制成绿茶、小种红茶和白茶的样品。1833年，爪哇茶第一次在市场上出现。20世纪初，由于战争，印度尼西亚的茶叶产量一直很低。到1984年后，局面才有极大的变化：政府成立茶叶委员会，工厂进行了整修，采用高产的无性系茶树对种植园进行更新，改善了交通条件，大大提高了茶叶产量。到20世纪后期，印度尼西亚茶叶出口约占世界茶叶出口总量的12%。

（四）茶叶向北进入俄罗斯

相传在1567年就有哈萨克人把茶叶引进俄国。更为确切的记载是，1618年茶叶被作为礼物从中国运到萨·亚力克西斯。1689年，《中俄尼布楚条约》签订，标志中俄长期贸易开始，有专门的运茶商队用骆驼来运茶叶，由陆路经蒙古、西伯利亚运往俄国销售，数量很大。1903年，贯穿西伯利亚的铁路竣工，中俄贸易更为畅通，茶叶在俄罗斯家庭的消费更为普及。

（五）茶叶传入非洲

非洲于19世纪50年代开始，由英国殖民主义扶持，在东非和南非的尼亚萨兰(今马拉维共和国)、肯尼亚、乌干达、坦桑尼亚等国家先后开展种茶,如肯尼亚于1903年从印度引种种植。20世纪60年代,应非洲国家的要求,我国多次派出茶叶专家去西非的几内亚、马里,西北非的摩洛哥等国家指导种茶,非洲才开始有了真正的茶叶栽培。

第三节 茶叶的种类

在数千年茶叶采制和加工的过程中,人们悟出了不同的茶树品种、不同的加工方式可以制出不同风味的茶类,因此茶的品名和叫法亦呈现纷繁复杂的局面。

在欧洲,茶叶分类较为简单,只按商品特性分为红茶(Black Tea)、乌龙茶(Oolong Tea)、绿茶(Green Tea)三大类。

在日本,较有代表性的分类方法是静冈大学林敏郎教授提出的:不发酵茶(绿茶)、半发酵茶(乌龙茶)、全发酵茶(红茶)、微生物发酵茶(黑砖茶)和再加工茶。

一、商品市场上茶叶的分法

在商品市场上,常见的茶叶分法有如下几种。

(一)依据茶叶原料命名

把茶叶原料细分,让人一眼能分辨出来。如贡眉、珍眉、特级、一级、二级等。等级越高,原料越嫩,工艺越精,茶叶价格亦越高。

(二)依据茶叶形状命名

这种分法很常见。红茶可分成叶茶、片茶、碎茶;绿茶可分成扁状、条状、剑状、卷曲状、针状、粉末状等;普洱茶可分成砖形、饼形、条形等。

(三)依据国名和产地命名

这主要是为了表明茶叶的原产地。如"印度大吉岭红茶",大吉岭是印度的"大庄园",位于喜马拉雅山脚下和支脉上，是孟加拉地区的重要城市，也是优质红茶的代名词。如同法国波尔多葡萄酒一样，该地区的某些茶叶品牌达到了天价。同样，中国的西湖龙井、安吉白茶、洞庭碧螺春也成了顶尖绿茶的代称。

不过，即使是在同一国家、同一地区生产的同一名称的茶叶，由于茶园的位置、加工的手法不同，品质也差别很大。因此，产地并不能真正保证茶叶的质量。对爱好者而言，原产地更多的是代表了一种文化。

(四)依据茶树品种命名

这种分类方法在专业教学和科研中使用得较多，亦有商人用一些珍稀品种来做噱头以图卖个好价钱。如“乌牛早”“英红九号”“千年野生茶树”“老树乔木”“宋种单枞”等。

二、我国茶叶分类

在我国，茶叶分类向来诸多头绪，目前被广泛认可的是已故安徽农业大学教授、著名茶学家陈椽（1908—1999 年）提出的按制法和品质建立的“六大茶类分类系统”：绿茶、红茶、白茶、青茶、黄茶和黑茶。鉴于现代化工业的发达，与茶有关的商品越来越多，人们在六大茶类的基础上又添加了一个“再加工茶类”，如花茶，由烘青绿茶、乌龙茶与香花相拌窨制而成。其中以茉莉花为主，还有的用珠兰、桂花、玫瑰花、白兰花、金银花、玳玳花等窨制。

(一)绿茶

绿茶是我国产量最多的一类茶叶。用茶树新梢的芽、叶、嫩茎，经过杀青、揉捻、干燥等工艺制成的初制茶（或称毛茶）和经过整形、归类等工艺制成的精制茶（或称成品茶），保持绿色特征，可供饮用的茶，均称为绿茶。

绿茶是不发酵茶。这类茶的茶叶颜色是翠绿色，泡出来的茶汤是绿黄色，因此称为绿茶。主要花色有西湖龙井茶、碧螺春茶、黄山毛峰茶、庐山云雾、六安瓜片、蒙顶茶、太平猴魁茶、顾渚紫笋茶、信阳毛尖茶、竹叶青、平水珠茶、西山茶、雁荡毛峰茶、华顶云雾茶、涌溪火青茶、敬亭绿雪茶、峨眉峨蕊茶、都匀为毛尖茶、恩施玉露茶、婺源茗眉茶、雨花茶、莫干黄芽茶、五山盖米茶、普陀佛茶。

当然茶干和茶汤均为绿色的却不一定为绿茶，如铁观音和中国台湾的条形与球形包种茶，轻发酵、轻焙火或无焙火，因此茶干和茶汤也呈现出以绿色为主的色调，但从茶叶分类的角度来说它们却属于乌龙茶类。

绿茶具有清新的绿豆香，味清淡微苦。富含叶绿素、维生素C。茶性较寒凉，咖啡因、茶碱含量较多，较易刺激神经。

绿茶又分为炒青绿茶、晒青绿茶、蒸青绿茶、烘青绿茶四大类，这是根据工艺命名的。如炒青是指绿茶制作工艺的杀青和干燥造型主要以金属传热的炒为主；而烘青是指绿茶干燥造型阶段以热风传热的烘为主；蒸青是指绿茶杀青采用高温蒸汽蒸熟；晒青则是在干燥时用日光作为热源。

1. 炒青绿茶

杀青、揉捻后用炒滚方式为主干燥的绿茶称为炒青绿茶。炒青绿茶又可细分为细嫩炒青，如龙井、碧螺春、南京雨花茶、安松针等；长炒青，如珍眉、秀眉、贡熙等；圆炒青，如平水珠茶等。

2. 晒青绿茶

杀青、揉捻后用日晒方式干燥的绿茶称为晒青绿茶。晒青绿茶主要有陕青、滇青、川青、桂青、黔青等。

3. 蒸青绿茶

用蒸汽杀青，将茶叶蒸软，而后揉捻、干燥而成的绿茶称为蒸青绿茶。其代表性品种有煎茶、恩施玉露等。

4. 烘青绿茶

杀青、揉捻后用烘焙方式干燥的绿茶称为烘青绿茶。烘青绿茶又可分为细嫩烘青，如黄山毛峰、太平猴魁、高桥银峰等；普通烘青，如福建的闽烘青、湖南的湘烘青、安徽的徽烘青、浙江的浙烘青等。

(二)红茶

红茶类属全发酵茶。红茶加工时不经杀青,经过萎凋,使鲜叶失去一部分水分,再揉捻(揉搓成条或切成颗粒),然后发酵,使所含的茶多酚氧化,变成红色的化合物,是一种全发酵茶。

红茶的名字得自其汤色红。因为它的颜色是深红色,泡出来的茶汤又呈朱红色,所以叫红茶。红茶主要有小种红茶、工夫红茶和红碎茶三大类。主要花色有祁门红茶、滇红、宁红、宜红、英德红茶、正山小种红茶等。

红茶的原料大叶、中叶、小叶都有,一般是切青、碎型和条型。

香味:麦芽糖香,焦糖香,滋味浓厚略带涩味。性质:温和。不含叶绿素、维生素 C。因咖啡因、茶碱较少,兴奋神经效能较低。

红茶可分为以下三类。

1. 小种红茶

小种红茶是福建特产,是世界红茶的始祖,在 200 多年前创制于福建崇安桐木关一带。有正山小种和外山小种之分。其中的“小种”就是指当地菜茶群体,菜茶属于中小叶种茶树。正山小种产于崇安县(今武夷山市)桐木关一带海拔 800～1 500 m 高的山区,也称“桐木关小种”。产在桐木关称为正山小种;邻近县市用工夫红茶熏烟的称为“烟小种”。政和、坦洋、北岭、展南、古田等地所产的仿照正山品质的小种红茶,统称“外山小种”或“人工小种”。正山小种之“正山”,乃表明是“真正的高山地区所产”之意。武夷山中所产的茶,也均称作正山,而武夷山附近所产的茶则称外山。

正山小种制作原料成熟度较高,外形条索肥实,色泽乌润,汤色红艳浓厚,有松烟香,滋味醇厚,似桂圆汤,带蜜枣味。调加牛奶后茶香味不减,形成糖浆状奶茶,液色更为绚丽。

2. 工夫红茶

工夫红茶是在小种红茶的基础上演变发展成的一类红茶。

工夫红茶是我国特有的红茶品项。工夫红茶原料细嫩，制工精细颇具工夫，因此称为工夫茶，并不是指冲泡时颇费工夫。至今中国生产的工夫红茶主要有：安徽祁门红茶、云南滇红、四川川红、福建闽红、江西宁红、湖南湘红、湖北宜红、浙江越红、贵州黔红、江苏苏红、广东粤红等。

其中最负盛名的是产于安徽祁门一带的“祁红”和产于云南的“滇红”。特级“祁红”以当地中小叶群体种制作而成，外形条索细紧挺秀，金毫显露，色泽乌黑油润，汤色艳明红亮，具有特殊的花香，具有类似玫瑰花的甘香，或类似果糖香，称之为“祁门香”，滋味醇和，回味嫩甜。“滇红”采用云南大叶种，属于大叶红茶，显金黄色，汤色红艳，具有类似于焦糖的香气特点，滋味浓醇。

3. 红碎茶

茶青经萎凋、揉捻后，用机器切碎，然后经发酵、烘干而制成的红茶称为红碎茶。红碎茶的可溶性物质浸出快，适合做成“袋泡茶”，饮用起来方便快捷，很受国际市场的欢迎。

（三）青茶（乌龙茶）

青茶是一类介于红茶和绿茶之间的半发酵茶（发酵度10％～70％），俗称乌龙茶。乌龙茶种类繁多，在六大类茶中工艺最复杂，制作时适当发酵，使叶片稍有红变。泡法也最讲究，泡出来的茶汤则是蜜绿色或蜜黄色。它既有绿茶的鲜爽，又有红茶的浓醇。因其叶片中间为绿色，叶缘呈红色，故有“绿叶红镶边”之称。比较有名的花色有安溪铁观音、武夷岩茶、闽北水仙、凤凰单枞、冻顶乌龙等。

乌龙茶的香味从清新的花香、果香到熟果香都有，滋味醇厚回甘，略带微苦亦能回甘，是相当吸引人的茶叶。乌龙茶主要有闽北乌龙、闽南乌龙、广东乌龙、台湾乌龙四大类。

1. 闽北乌龙茶

闽是福建省的简称，产于福建北部的乌龙茶都属于闽北乌龙。其中最具代表性的有武夷岩茶和闽北水仙。武夷岩茶的主

要品种有驰名中外的茶王“大红袍”，及当家品种肉桂和水仙。除此之外，还有铁罗汉、白鸡冠、水金龟、半天腰、北斗、金佛、状元红等名丛。

武夷岩茶汤色橙红亮丽，有天然花香，滋味醇厚，叶底呈明显的“绿叶红镶边”，且有香久益清、味久益醇，耐泡、耐储存等特点。细细品悟，还会感受到“香、清、甘、活”的无比美妙的岩韵。

2. 闽南乌龙茶

产于福建南部安溪、华安、永春、平和等地的乌龙茶统称为闽南乌龙茶。闽南是我国最主要的乌龙茶产区，其中最著名的是“铁观音”。其次，安溪的黄金桂、本山、毛蟹，永春的佛手，平和的白芽奇兰，绍安的八仙及梅占、桃仁等，都是闽南乌龙茶中的珍品。

除了上述的纯种乌龙茶之外，闽南人也常将不同品种的茶混合采制，或制好后混合拼配，这样生产出来的乌龙茶统称为“色种”。

3. 广东乌龙茶

广东乌龙茶以产于潮州潮安的凤凰单枞和产于饶平的岭头单枞最为有名，其次是产于饶平的饶平色种。

4. 台湾乌龙茶

台湾乌龙茶根据其多酚类的氧化程度和做青程度不同分为三类。

一是包种茶。发酵程度8%～10%，经过炒青、揉捻、干燥等工艺程序生产的乌龙茶称为“包种”。包种色泽较绿，汤色黄亮，滋味和口感接近绿茶，但有乌龙茶特有的香和韵。包种茶主产于中国台湾省北部的台北市和桃园县。其中以文山所产品质最佳，故习惯上称为“文山包种”。

二是乌龙茶。发酵程度为15%～25%，经过炒青、揉捻、初干、包揉、再干燥等工艺程序生产的半发酵茶，在中国台湾省才称为乌龙茶。其中以冻顶乌龙、高山乌龙最为有名。

三是膨风茶。发酵程度为50%～60%，经过炒青、湿巾包覆回软、揉捻、干燥等工艺程序生产的乌龙茶称为膨风茶。其中的极品称为东方美人，又名白毫乌龙、香槟乌龙或五色茶。

（四）黄茶

黄茶属于轻微发酵茶，是我国特有的茶类。黄茶的制法有点像绿茶，只是在制茶过程中有包裹起来闷黄这道独特的工艺程序，即在一定温度和含水量的情况下，使茶叶由绿色逐渐转变为黄色的过程，具有干茶金黄、汤色黄亮、叶底嫩黄的"三黄"特点。主要花色有君山银针、蒙顶黄芽、北港毛尖、沩山毛尖、温州黄汤、霍山黄芽、霍山黄大茶、广东大叶青等。

黄茶之名最早出现在唐朝，指的是茶树品种芽叶自然发黄。如当时六安的"寿州黄芽"，制作工艺仍是按蒸青团茶的制法。现在的黄茶，是明朝后期人们从炒青绿茶中发现，由于杀青、揉捻后干燥不足或不及时，叶色即变黄，于是成了一个新的品类——黄茶。

黄茶按鲜叶老嫩分为黄芽茶、黄小茶和黄大茶三类。黄茶有芽茶与叶茶之分，对新梢芽叶有不同要求：除黄大茶要求有一芽四五叶新梢外，其余的黄茶都有对芽叶要求"细嫩、新鲜、匀齐、纯净"的特点。如蒙顶黄芽、君山银针属于黄芽茶，沩山毛尖、平阳黄等均属黄小茶，而安徽霍山、湖北英山所产的一些黄茶则为黄大茶。

黄茶依据原料芽叶的嫩度可分为黄芽茶、黄小茶、黄大茶三大类。

1. 黄芽茶

原料细嫩，采摘单芽或一芽一叶加工而成，其代表性品种有湖南岳阳的"君山银针"，四川雅安的"蒙顶黄芽"，以及安徽霍山的"霍山黄芽"。黄茶类"君山银针"已极少生产。蒙顶黄芽以清明前采的独芽为原料，按传统黄茶工艺精制而成，外形扁平光滑，嫩黄油润，汤色嫩黄明亮，醇香柔和，回甘甜爽，是黄茶中的珍品。

2. 黄小茶

采摘细嫩芽叶加工而成的黄茶，其代表性品种有湖南岳阳的“北港毛尖”和浙江温州的“平阳黄汤”等。

3. 黄大茶

采摘一芽二三叶，甚至一芽四五叶为原料加工而成的黄茶。其代表性品种有安徽“霍山大黄茶”以及“广东大叶青”等。

(五)白茶

白茶的名字最早出现在唐朝陆羽的《茶经・七之事》中，其记载：“永嘉县东三百里有白茶山。”即今福建福鼎县白茶品种原产地。《大观茶论》里说的白茶，是早期产于北苑御焙茶山上的野生白茶。其制作方法仍然是经过蒸、压而成团茶，与现今的白茶经萎凋、干燥的制法并不相同。

白茶具有外形芽毫完整，满身披毫，毫香清鲜，汤色浅，黄绿清澈，滋味清淡回甘的品质特点，是我国茶类中的特殊珍品。

白茶主要是通过萎凋、干燥制成的，属轻微发酵茶(发酵度10%)。它加工时不炒不揉，只将细嫩、叶背满茸毛的茶叶晒干或用文火烘干，而使白色茸毛完整地保留下来。白茶是呈条状的白色茶叶，泡出来的茶汤呈象牙色；因白茶是采自茶树的嫩芽制成，细嫩的芽叶上面盖满了细小的白毫，白茶的名称就因此而来。

白茶汤色浅淡，味清鲜爽口、甘醇、香气弱，性寒凉，有退热祛暑作用。

白茶主要产于福建的福鼎、政和、松溪和建阳等地，主要花色有白毫银针、白牡丹、贡眉、寿眉等。其中白毫银针最为有名，因其成品茶多为芽头，满披白毫，如银似雪而得名。

白茶依照原料的不同可分为白芽茶和白叶茶两类。

1. 白芽茶

完全选用福鼎大白茶或福鼎大毫茶肥壮的芽头制成，其代表性品种有产于福建福鼎，用烘干方式制作的“北路白毫银针”，以及产于福建政和，用晒干方式制作的“南路白毫银针”。这两类白茶都通称“白毫银针”，其茶性凉，功效如同犀角，是防治小儿麻疹的特效药，对成人有排毒养颜、清热降火的功效。

2. 白叶茶

采摘一芽二三叶或用单片叶，按白茶生产工艺制成的白茶统称为“白叶茶”，其代表性品种有白牡丹、贡眉、寿眉等。其中白牡丹是白叶茶中的珍品。

（六）黑茶

黑茶是用大叶种等茶树的粗老梗叶或鲜叶为原料，通过杀青、揉捻、渥堆发酵、干燥等工艺程序生产的茶，其中渥堆发酵是决定黑茶品质的关键工序。渥堆时间长短、堆内温湿度的高低，都会对产品品质产生十分重要的影响。经过适度渥堆发酵，成品色泽呈油黑色或暗褐色，故名黑茶。汤色橙黄或褐色，虽是黑茶，但泡出来的茶汤未必是黑色。

黑茶类属后发酵茶（随时间的不同，其发酵程度会变化），可存放较久，黑茶性质温和，耐泡耐煮。具陈香，滋味醇厚回甘。

黑茶主要有“湖南黑茶”“湖北老青茶”“广西六堡茶”，四川的“西路边茶”“南路边茶”，云南的“紧茶”“饼茶”“方茶”和“圆茶”等品种。过去，黑茶主要供给边疆少数民族饮用，所以也称为边销茶。

后发酵有何特点呢？通常来说，茶叶发酵的本质即是茶叶中可氧化的物质氧化的过程。通常所说的发酵是茶叶中氧化酶作用下进行的氧化反应，如青茶、白茶、红茶的发酵。茶的另一种发酵是杀青以后才产生的，属于非酵素性氧化，为区别于杀青之前的“发酵”，特别将这种杀青后的发酵称为“后发酵”。

（七）普洱茶

普洱茶因产地旧属云南普洱府（今普洱市），故得名。过去多数权威的茶学专著都把普洱茶归入黑茶类，进入 21 世纪后，一些学者提出普洱茶应独立为一类，理由如下。

第一，普洱茶的茶性与其他黑茶不同，其他各种黑茶对茶树的品种类型都没有任何限制，无论是大叶种还是中叶种或小叶

种的茶青均可用于生产黑茶。而普洱茶却规定了"以符合普洱茶产地环境条件的云南大叶种晒青茶为原料"。

第二,普洱茶后发酵的原料与工艺均与其他黑茶不同,其他黑茶渥堆发酵是在干燥工序之前,而普洱茶则是用晒青毛茶为原料进行泼水渥堆,即发酵程序在第一次干燥工序之后。另外,普洱茶后熟的途径很多,既可用泼水渥堆发酵,也可以是干仓陈化或湿仓陈化,而黑茶的唯一方式是渥堆发酵。

第三,把普洱茶归入黑茶类既不符合历史,又不符合现代市场的实际。历史上的普洱茶是特指云南西双版纳、思茅一带生产的晒青毛茶及其压制的成品。这些茶在出售时或进贡时都没有经过渥堆发酵,而是在长途运输及储存的过程中,经过长时期的自然陈化才形成了普洱茶独特的陈香陈韵。也就是说,历史上的普洱茶绝不是黑茶。在现代市场中的普洱茶分为生普洱茶和熟普洱茶两大类,其销量大体相当。因此,黑茶概念的外延与内涵都无法准确涵盖普洱茶。

云南大叶种茶是指分布于云南茶区各种乔木型、小乔木型大叶种茶树品种的总称。

普洱茶生产工艺中所说的后发酵是指云南大叶种晒青茶或普洱茶(生茶)在特定的环境条件下,经过微生物、酶、湿热、氧化等综合作用,其内涵物质发生一系列转化,而形成普洱茶(熟茶)独特品质特征的过程。

(八)花茶

花茶属于后加工茶,是将茶叶加花窨焙而成,茉莉花、玫瑰、桂花、黄枝花、兰花等,都可加入各类茶中窨成花茶。花茶又名窨花茶、香片等。

这种茶富有花香,以窨的花种命名,一般是把花名放在前边,茶名放在后边。如茉莉花茶、玫瑰红茶、桂花乌龙、牡丹绣球、珠兰毛峰、珠兰大方等。

不同花茶有不同的风味。茉莉花茶,香气清幽、柔和、鲜灵、高雅,是熏花花茶中的最大宗产品。桂花芬芳浓郁,最适合用来熏制乌龙茶或高档的绿茶。玫瑰花香甜润迷人,最适宜用来熏制红茶。金银花的香气清纯隽永，最适宜熏制鲜爽度高的绿茶。另外还有白兰花、含笑花、珠兰花、玳玳花等也常常用来熏制花茶。

第四节 六堡茶的历史

一、六堡茶肇始阶段

六堡是地名，今广西梧州六堡镇。明朝时，此地有头堡、二堡，一直到六堡。因六堡所产的茶在该茶产区品质最佳，故以“六堡”作为这个茶产区茶的名字。

六堡茶有着 1 000 多年的悠久历史，以散茶为主，按六大茶类的分类方法，归属黑茶类。六堡茶因其独特的祛湿调肠胃功效而兴盛与传承。

自公元前 214 年秦始皇平定岭南大业起，被派遣驻扎在岭南的 50 万大军便开始寻求缓解潮湿闷热气候而引起的水土不服。自古南方多瘴气，智慧的岭南先人便会采摘野茶直接煮饮，以祛湿解暑，秦人们纷纷效仿。而先进的农业技术也由秦人带入，采摘野茶慢慢地形成零散种植，喝茶逐步成为流行，同时也形成了客至奉茶的待客礼仪。至三国时期，出现制茶工艺萌芽，采来的叶子先做成饼，晒干或烘干。在《晋书》记载“吴人采茶煮之，曰茗粥”。可见，茶经过秦汉、三国、晋代的漫长时期，茶在生产、工艺、品饮上都处于一个相对原始的阶段。

自唐至宋，兴盛朝代下，文人推崇，喝茶更是成为时代潮流。随后贡茶兴起，贡茶院对制茶技术的研究，促使了茶叶生产不断改革。同时，茶叶的重心南移，福建，两广地区气候较暖，茶叶得到迅猛发展，逐渐取代长江中下游茶区。品饮方式由煎茶转为点茶，茶叶形态也由团茶转为散茶。

值得一提的是，陆羽《茶经》中所提到的“蒸之”，在宋朝发展成为主要六堡茶的制茶工艺。在今天六堡乡里，仍有制茶人传承着，用于六堡茶老茶婆的杀青，去除鲜叶青气。而六堡茶的茶

叶形态则从宋元开始，古法六堡茶一直以散茶的形式存在。虽说当时六堡茶尚未得名，但史书上均有六堡茶的身影。宋代《太平寰宇记》中记载的“春紫笋茶，夏紫笋茶”和北宋诗人郑刚中“予嗜茶而封州难得有一种如下等修仁殊苦涩而日进两杯”。据考，当时的封州正是今天封开县，是六堡茶外销的必经之地。再者，在六堡周边的丛林里，不难发现一些树龄在800年以上的古树，这也足以证明，在宋朝，六堡茶已经有栽培管理、茶叶加工技术。

二、六堡茶的发展

（一）清代的六堡茶产区

保甲制度源于北宋，其时“变募兵而行保甲”主要是为了便于征兵征税，元代承其袭，明清时期这种制度进一步强化。入清以后，苍梧县下设十一个乡，以西江为界，江南设五个乡，江北设六个乡，其中多贤乡地处江北山区，因此其下再以堡（寨堡）为单位设置行政管理区域，共计设置了头堡、二堡、三堡，乃至六堡的六个行政管理单位，多贤乡亦故此得名为六堡乡。

另外，在一张留存至今的清朝康熙三十二年（1693年）手绘苍梧县地图上，如今六堡镇周边的龙垌（今称龙洞）、老二（今称老义）、山心、石桥等地都标注得非常清楚，唯独六堡镇所在的区域被标为“茶亭”。而同治年间修编的《苍梧县志》所附的苍梧县地图里，相同的位置则标注为“茶亭岭”。

据考，茶亭在六堡当地是一种类似于亭子的建筑物，主要用于茶商和茶农在采茶季节时收购、交易和储存茶叶。直至2010年，六堡镇内仍然保存有一所完好的茶亭（后被拆毁）。两图互为印证，可见六堡镇在有清一代是闻名遐迩的茶叶产销区域，以至于“茶亭”取代了“多贤”和“六堡”，成为当地的地理标志。

另有同治年间修编《梧州府志》提及“茶亭岭，（苍梧）县东北八十里，高八百余丈。为浔阳东安之交，路当山脊二十里，昔人设茶亭于上，以济行人”。虽然此处所记“茶亭”更多是为方便行人歇脚休息之用，然则从成本的角度来看，“茶亭”内所设之茶必为当地产茶，故茶亭岭周边的六堡地区产茶便不言而喻。

同时，自明末开始，南方茶叶产区的分布基本稳定了下来，各个茶叶产区也开始分别按照自身的产销需求去选择和改进茶叶加工工艺，并逐渐形成不同的茶类品种。据康熙年间编修的《苍梧县志》所载，"茶产醇厚而且能够隔宿而不变，茶色香味俱佳"。茶味醇厚而且能够"隔宿而不变"，已经具备了黑茶的特性，这说明清初多贤乡在制茶工艺中已经使用了类似黑茶的制作技法，如此制出的茶叶才能经久耐泡。

其后同治年间重新编修的《苍梧县志》复有记载："茶产多贤乡六堡，味厚，隔宿而不变，产长行虾斗埇者名虾斗茶，色香味俱佳，唯稍薄耳。"由此可见，从康熙中期至同治末年的一百多年间，六堡当地一直坚持与完善原有的制茶工艺，并不断改进渥堆技法，使出产的六堡茶实现了茶味醇厚的定型。

品种定型、种植面积扩大后，茶叶产量必然大幅提升。但多贤乡作为一个茶产区，新增的产量不可能在本地完全消化，外销就成了六堡茶的主要出路。由于地域原因，六堡茶外流的第一站必然首选苍梧县城和梧州府城。与此同时，由于水路便利，西江以下的地区也成了六堡茶的主要外销方向，这种流向纵使到了太平天国时期也不能隔绝。"前岁因粤匪窜扰，江、楚茶贩不前，暂弛海禁，各路茶贩，遂运茶至省，不从各关经过，不特本省减税，即浙、粤、江西亦形短绌。"以至于"咸丰十一年，广东巡抚觉罗耆龄奏请抽收落地茶税"。

另据《六堡志》所载，其时在六堡镇合口街设立固定茶叶收购点的茶庄已经有文记、万生、同盛、悦盛、兴盛五家，其他未及记录名号的行商更不在少数。这些茶商中相当一部分的总号都在广东各地，因此又为六堡茶在清朝中前期对西江，乃至珠江流域的渗透提供了有力佐证。

（二）晚清时期的六堡茶出口

进入晚清以后，中国社会动荡，大批华工"下南洋"谋生。其时华工输出的方式主要有两种：一种是招工国在中国设立招工馆，以订立契约的形式来进行，即"契约"华工；另一种则是寓粤

洋人和奸商串通，用欺骗、拐卖的手段来输出华工，即“猪仔”贸易。在两者作用下，自19世纪中期至20世纪初期，“下南洋”的华工多达200多万人。

以两广、福建、海南籍为主的大量华工进入南洋各地后，主要从事开矿、垦荒、种植、制糖等重体力工作。这些华工由于多来自岭南地区，自身就有着饮茶的习惯，而且在南洋地区，酷热溽热的工作生活环境也使得当地的华工迫切需要一种能够解渴除瘴、消暑祛热的饮料。具有消暑化湿、湿肠养胃功能且可以长期存放的黑茶，尤其是茶味隔宿不变、“有去热解闷，清凉去暑的作用”的六堡茶自然成为首选。这一时期，六堡茶对南洋各地的出口量达到了一个高峰，“除在穗港销售一部分外，其余大部分销南洋怡保及吉隆坡一带。六堡茶多销南洋大埠……它的消费对象，大部分为工人阶级，尤其是南洋一带的矿工，酷爱饮用六堡茶”。

也就在同一时期，由于受到太平天国运动造成的半壁江山“割据”，以及鸦片战争之后放开口岸对外通商的影响，一直沿用的榷茶制度到了咸同年间，终于为征收厘金及各种捐税所替代，正式退出历史舞台。榷茶制度结束后，极大地刺激了民间的茶叶交易以及茶产区的扩种。据统计，及至清末，中国内地共有16个省(自治区)超过600个县(市)产茶，茶叶种植面积达1 500多万亩，居当时世界产茶国的首位，占全世界茶园种植面积的44%；当时中国的年产茶量已经超过了800万担(约合40万t)，位居世界第二位，占当时世界茶叶总产量的17%。茶叶产量的剧增，又促使对外出口贸易的连年拉升。据统计，1868年中国的茶叶出口量为1 526 872担(约合76 344 t)，1888年最高峰达到了2 413 456担(约合120 673 t)，即便是1894年开始回落，是年出口量仍然达到了1 939 189担(约合969 60 t)，而其中出口方向主要面对东南亚的广东海关，在1858年输出茶叶就已经达到了24 293 800担(约合10 932 t)。

大量的茶叶出口交易，令两广地区的茶叶交易空前活跃。六堡茶以价廉、品质醇厚、耐存放、便于长途运输的特性，以及同一文化背景的认同感，很快就得到了南洋各地主销区消费群体的认可。销售量增大，又反哺了六堡茶产量及质量的提升。至20世纪初期，六堡及周边地区茶树的种植面积迅速扩大，当地所有人家几乎全部参与到了六堡茶的种植与制作当中。“即使是三个人一户的小户人家，往往也会种有几块茶园，每年产制不少茶。”

（三）六堡茶沿西江水路的输出

从清末开始，随着英国在印度、锡兰（斯里兰卡）引种的茶树大获成功，当地的产茶区飞速扩大，茶产量激增，导致了中国茶叶出口受到挤压，而厘税的不断加重又令到此时的中国茶叶出口严峻局面雪上加霜。

在这场发端于19世纪末期的“茶叶大战”中，中国败下阵来，中国茶叶的国际市场逐步萎缩，中国茶叶贸易由盛转衰。到1903年，英国从中国进口的茶叶比例已经由1886年的57%下降为10%，而同一时期从印度进口的茶叶却从40%上升为60%，从锡兰进口的茶叶从3%上升为30%。但这一时期中国茶叶出口所受到的影响，主要是售往欧美地区的红茶和绿茶，销往南洋地区的六堡茶由于已经形成了固定的消费群体，得以躲过这场大劫，产销量和出口量一直没有出现明显下滑。据记载，直至1935年，广西出口六堡茶类茶叶达到1 128.95 t，是广西茶叶出口最多的一年。而这个出口量还未包括那些绕过广西，直接经广东口岸出口的六堡茶。

为了确保进出口物资线路的畅通，梧州以下西江航线，在“清光绪十八九年间，梧始有平安公司之轮渡来往广梧”：而梧州以上的航线，“光绪三十年……自是小轮公司渐推渐广……桂则有往来梧州、南宁、贵县、柳州之小轮”。到了光绪三十四年（1908年），梧州商人李虎石、周濂生等倡议筹建西江航业股份有限公司，而后集资购买机动客货轮船广泰、广威专营梧州至香港航线。其后，宣统二年至民国元年（1910—1912年），该公司又陆续购置广南、广宁、广河、广平、广清等五艘客货轮电船经营梧州至南宁和广州的线路。此时，大量航行于西江航线上华商与英商洋行的货轮确保了六堡茶的输出安全，及至 20 世纪 30 年代，“往来港粤，多通大汽船：溯江而上，皆通浅水电船。沿途诸埠皆可湾泊，帆船如鲫”。而从这条水道输出的六堡茶在沿途各地的民间应用也十分广泛，当时东莞地区民间就有服用以脂麻薯油，加入茶叶煮煎成“去风湿，解除食积，疗饥”的“研茶”之风。晚清小说家吴趼人更在其作品中就提到了女子李婉贞流落肇庆，在一家庵堂里病倒，庵堂主持妙悟看了后说：“这是昨夜受了感冒了……你赶快拿我的午时茶，煎一碗来。”据考，午时茶以红茶或黑茶为底，加以广藿香、苍术、连翘、后朴、柴胡、防风等药材配置而成，用于疗理外感风寒、内伤食积证等症状。这都与六堡当地沿用至今的民间药茶偏方异曲同工。

在输出线路畅通的同时，提高六堡茶的质量，以便满足运输以及消费群体的口感要求，就变得极其重要。在这一时期，六堡茶的制作工艺再次得到改进提升，炒青技术进一步深化完善，“日间将茶摘取，放之于篮，入夜置釜中炒至极软，视茶内含黏液，略起胶时，即提取，乘其未冻，用器搓揉，搓之愈熟，则叶愈收缩而细小，再用微火焙干。转为黑色，成为茶叶。”与此同时，另一种沸蒸杀青技术在六堡产茶区里也被广泛使用。这种技术“采摘标准一芽三四五叶，其初制方法是：将叶采下后，放于沸腾的水中，使其叶软而柔即得，约 5 min 置于箩中，用脚踩压，至茶叶蜷缩为度，然后以火焙干，干燥后以蒸汽蒸至柔后，乃置于箩内存放待售。”这些制茶工艺生产出来的六堡茶都已经与今日的六堡初制茶极其相似，都具备了耐于存放、口感醇厚的黑茶特点。

（四）民国时期的六堡茶贸易

民国前中期，六堡茶仍然保持着强劲的出口势头。据记载，其时“在苍梧之最大出品，且为特产者，首推六堡茶。就其六堡一区而言（五堡，四堡）俱有出茶，但不及六堡之多，每年出口者，产额在 60 万斤（1 斤＝500 g，后同）以上，在民国十五六年间（1926—1927 年）每担估价 30 元左右”。

另一方面，在国内，尤其是南方地区，茶叶的消费随着饮茶风气在社会各个阶层的渗透，以及茶肆行业快速发展的共推下日趋增大。到了20世纪初期，中国的人均茶叶年消费量据估计达到了约2磅(约合1.8斤)，在当时世界的茶叶消费大国中排名相对靠前。到了被称为民国“黄金十年”的1927—1937年期间，由于社会秩序总体趋稳，民生经济得到一定恢复，中国的茶叶消费持续稳步增长。1934年，国民政府农村复兴委员会派出专家组进行了一次全国性的茶叶消费调查。调查数据显示，广东省每年人均消费茶叶量为2.1斤，占据抽样调查的14个省份之首，广西也以1.43斤排在第七位。两广地区在当时又是人口大省，1935年广东总人口达到3 200多万，而广西总人口也接近1 400万，由此推断两广地区的茶叶消费总量必然维持在一个相当高的水平状态。即便细化到梧州地区，虽然如今难以找到当时社会整体茶叶消费总量的准确记录，但是“从1921—1937年上半年这段时间，梧州市茶酒楼、食物馆一般都在六七十家……据历史记载，1931年梧州市就有酒楼、食物馆六十二家……其中粤西楼位于现在小南路……在1916年左右开设，直至1944年梧州沦陷结束，有近30年的历史。该酒楼经营早午夜茶市及筵席酒菜。当时每天饮茶的有2 000人次以上，加上筵席，营业总额达七八百元……”发达的餐饮行业必然刺激茶叶的消费，在这个消费状态中，本地的茶叶产品必然具有市场优势，因此从另一个侧面反映出六堡茶在梧州本地的消费量也非常惊人。推而及之，六堡茶在完成了本地消费供给的同时，对整个饮茶风气盛行的粤语文化地区同样具备很大的辐射力。据记载：“苍梧茶尚多，尤以六堡乡为最。六堡茶，颇负盛名，其余所产品质亦佳，战前(抗战前)交通便利，所产茶除本县饮用外，全部销售港澳等地……”而在六堡镇当地，茶叶的收购价也相当可观，据载“过去茶叶产最多要算是1930—1937年，那时候在六堡街及狮寨街各有十余间茶庄收茶十余万(斤)，最少也收他六七万(斤)茶，那时茶叶生产最旺盛，茶叶之销路不错，茶价也不低，每斤上茶值米五六斤”。出口与内销的需求量增长，带动了六堡茶种植面积的扩大，以及产量和质量的提升，六堡散茶和饼茶占

据了主导地位，现代黑茶类的茶叶制作工艺也在六堡当地得到应用，这使得六堡茶产业在抗战爆发前达到了一个高峰，其时“六堡乡占全县面积之半，全县面积 11 455 亩，年产茶 5 450 担……六堡茶当收成时，粤商在合口圩设庄收买，再烹炼制成茶饼，甚为精制，熬而饮之，味与普洱同，年产约 50 万斤”。

然而，六堡茶自明清开始出现的繁荣时期，却从 1937 年开始，进入一个衰落期。

据抗战后的资料《广西农业通讯》(1945 年)记载：“六堡茶，颇负盛名，其余所产品质亦佳，战前(抗日战争前)交通便利，所产茶除本县饮用外，全部销售港澳等地，自抗战后，交通阻塞，销售范围日渐缩小，一般茶农生活无法维持。多弃茶而经营其他，于是茶叶衰落矣。六堡乡占全县面积之半，全县面积 11 455 亩，年产茶 5 450 担，抗日时外销日减，估计每年平均产茶 1 500 担左右……”

战争的影响给六堡茶业带来重创，由于茶叶需求量急剧下降，长途的交通运输也被中断，六堡茶在 1949 年新中国成立前的生产处于低迷时期。

(五)解放初期的六堡茶

六堡茶的复兴当在 1950 年后。其时正值中华人民共和国成立初期，民生稍稳，百废待兴，由于茶叶产销等获取高额利润，能够为地方重建提供最快速有效的资金支持，广西政府很快就组建了多个茶叶改进工作组深入省内各个产茶区进行摸底，研究制定相应的产业扶持政策。

当时广西把全省产茶区域分区命名，苍梧“出产茶叶的九、十两个区，旧称五堡及六堡茶，第十区有茶的，高涧、塘平、不倚、四柳、梧桐、理冲、六堡等七个乡，年产 500 000 斤，该区茶叶出口为 552 889 斤，内贺县五六万斤，1952 年 9 月 17 日卖出茶叶 440 270 斤，其中茶产最多为塘平 79 680 斤，不倚 73 612 斤，总称六堡茶区。第九区出产茶叶的，安乐、万生、富丰、大碑、木皮、民生、合源、富宁、大正、狮寨等 10 个乡，年产 371 660 斤，统称五堡茶区。另合水、外深、武岭 3 个乡出产茶 12 000 斤，叫长发茶区。苍梧全县产茶共 883 660 斤,但茶园经营差,每亩平均仅出 30 斤”。

广西茶叶改进工作组以同吃、同住、同劳动的“三同”方式进驻第十区(今六堡镇)塘平、不倚等地的农家,宣传发动群众,组织互助组,以劳动竞赛的模式进行茶园改良,推广科学的耕种方法种植新式茶园。“各互助组及群众都保证,今年所种茶园用新式种法,种植穴径一尺(1 尺≈33.33 cm,全书同),株距四尺,行距五尺,不带果壳下种。茶农经营方法:垦地。将荒山用火烧杂草后,用人力锄出,整碎,明春播种,并种木薯作 2 年,第 3 年开始采茶即无间作,坡度很大,在 30°以上,有达 60°~70°,茶农普遍称茶地为险地。收种子:霜降前收(10 月尾)。播种。春 2 月播种,施肥。播种时将所产草皮灰,每穴放一把,以后再也不施肥。中耕除草。春茶采摘后于 5 月第一次中耕,四糙茶过后霜降第 2 次中耕。”

通过改良种植方法,六堡茶的产量首先得到了恢复。“自新中国成立后至 1951 年,茶叶产量逐渐增加,大家都整理茶园,除草、修复荒茶、新垦茶园等。在五堡、六堡的五个乡中,总计 44 个行政村中 32 个村产茶,茶农人口 12 893 人,茶地面积约 16 000 亩,年产量约 80 万斤,由六堡输出约 50 万斤,由狮寨输出约 35 万斤。”

产量回稳后,出口渠道也随着国家的调控得以恢复。“茶农普遍用肩担运出,六堡茶区现仅合口圩为集中地,第九区的五堡茶,则以狮寨为主要集中地,小部分以长发为集中地,茶农挑茶到圩场需 50 里路,经收购私商、合作社等踩制运往广州。”其中,合口圩茶叶市场有私营茶商广元泰等 14 家,收购茶叶 250 000 斤,另外供销合作社和国营贸易部门收购茶叶 250 000 斤,狮寨市场则有私营茶商合记庄、永芳号等 11 家,收购茶叶 92 949 斤,供销合作社收购茶叶 278 711 斤,而长发圩市场的 12 000 斤茶叶全部由供销合作社统一收购。“合口圩茶叶经踩制后,以三千载重量民船运到梨埠,转用三五万载重船运到都城,往广州。狮寨圩则经五千载重量民船到长发,转大民船沿抚河下至梧州,

转船往广州。”

中国茶叶公司梧州总办事处加工厂在设点六堡茶收购原料。图为收购站门前醒目的“中国茶叶公司梧州支公司收购站”招牌,当时,虽然六堡茶的产销大幅度回升,但收购价仍然处于偏低水平。1951—1953年,“经营茶叶产品仍是私商掌握,当时私商乘机压价,据茶农反映,1952—1953年间,茶叶每斤曾降到2.5角左右”。即便如此,到了1953年,苍梧县六堡茶产区的茶农已经达到了3 247户,栽培面积达到了30 078亩,当年的产茶量也达到了9 024担。

(六)国家统销统购后的六堡茶

1952年9月以后,六堡茶区完成土改复查,茶价提高,而且到了1953年,中国茶叶公司在梧州成立支公司,对六堡茶挂牌收购。1954年以后更是由中茶梧州支公司代表国家对茶叶进行统购统销,并委托供销合作社收购六堡产区的茶叶,运送到新成立的梧州加工厂。当时,六堡茶收购价为每担(合100斤)65元,青茶为72元,其时稻谷每担仅售10元左右。茶价偏高刺激了茶农的生产积极性,使得整个六堡茶产区的生产和销售都大有起色。“第十区有茶的,高涧、塘平、不倚、四柳、梧桐、理埇、六堡等七个乡,年产500 000斤,该区茶叶出口为552 889斤,内(含)贺县五六万斤,1952年9月17日卖出茶叶440 270斤。其中茶产最多为塘平79 680斤,不倚73 612斤,总称六堡茶区。第九区出产茶叶的,安乐、万生、富丰、大碑、木皮、民生、合源、富宁、大正、狮寨等10个乡,年产371 660斤,统称五堡茶。另合水、外深、武岭三个乡出产茶12 000斤,叫长发茶区。”是年苍梧全县茶园种植面积约26 000亩,共产茶883 660斤,并逐渐形成了一个以黄笋顶为中心,沿溪流展开,与北面的贺县茶区相连的六堡茶产区。虽与鼎盛时期仍相去甚远,但整个六堡茶产区的境况已有了相当改善。

1954年后,随着茶叶的统购统销,国家取缔了私营茶商采购毛茶,茶叶收购价又调升到历史正常水平,“平均每斤恢复到4.5角左右”,而国营的中茶广西支公司也对统购后的毛茶加工业进行了明确分类："梧州加工厂加工六堡茶为主，另外加制青茶（贺县与上林县所收），横县茶厂加工青茶、细茶为主。灵山与横县所收六堡茶集中横县茶厂加工，其他各县均运梧州厂加工"。长期以来一直处于手工作坊式制作的六堡茶由此实现了工业化生产。

另一方面，随着公私两方面茶叶收购商的共同合力，使六堡茶产区直至广州的"茶船古道"得以恢复后，国营企业对茶叶收购运输渠道参与的不断深化，更推动六堡茶产业储势向高峰发展。"由中国运输公司梧州分公司派员到狮寨召开了一次协议会，定出运输费：顺水每担 8 000 元（即由狮寨至长发），逆水（由长发至狮寨）每担 10 000 元，由狮寨至梧州每担 16 000 元，由梧州至狮寨每担 18 000 元。每船载货不得超九千斤（因河小水急以免发生危险），以上所定是指水涨时期，干季水浅急，船费另议。六堡水运比狮寨更艰难，只有四只小船行走，每载重四千斤，运费六堡至梨埠每担一万，梨埠至江口八千，至都城九千。"虽然如此，但这一时期的六堡茶茶园面积却相反趋向减少，导致六堡茶毛茶产量出现了问题，中共苍梧县委称："本茶区集中于九区、十区，茶农 3 247 户，年产茶 8 000 担，存在问题：产量连年在减少，1953 年为 8 000 担，1954 年为 7 099 担，1955 年春茶又减产百分之二三十。"

造成这局面的主要原因，除了前一阶段茶叶收购价低下所产生的影响外，还有劳动力问题所导致的农茶矛盾，令茶农种植积极性的下降。"农民说：'过去我们的粮食问题不是靠种田解决，主要是靠卖茶换粮，一担茶四担谷。'所以主要精力多是花在茶园方面。新中国成立后进行了土改，农民分得了田地，加上粮食不能自由买卖，因此对生产粮食则更为重视，对经营茶园较之过去有所放松。"此外，其时六堡茶产区的茶园种植技术普遍不高更是一个重要因素。

（七）六堡茶种制技术的改进

20 世纪 50 年代初期，六堡茶产区的茶叶开采自每年农历三月底就开始。"采摘在农历三月尾至四月中为头茶，五月中至五月尾为二茶，六月尾至七月初为三茶，八月中至八月尾为四茶……采摘时不论芽叶的多少，也不管新枝的长短，凡今年新出枝叶，一起采光。”因采摘过度，导致产量不高。而且当时六堡茶的茶树种植基本都处于放养状态，成长后因不再施肥，不剪枝修整，也不进行病虫害防治，茶园普遍老化，产量低下，每亩平均仅产茶 30 斤。

另外，产茶区内茶农所制的毛茶一般都用家里的铁锅炒青，每次下锅 4～5 斤鲜叶，炒 2 min 左右。有的为避免铁锅破烂，也用蒸气杀青。然后用脚在大簸箕内踩搓揉捻。揉好后堆积至翌日，晒至半干，老叶则堆放很久，使其变黑。遇上雨天，则用明火焙笼烘干。采下的老叶还用松枝烘焙，利用烟熏，使其变黑充当嫩叶。这种用明火焗焙的茶叶，成品条索欠佳还有不少焦干，而且烟味较重。

上述状况随着其后推行的茶园改良和制茶技术更新而得到改观。

首先茶园的种植和管理不断进行改进，并形成了规范化的种植要求，“茶树的栽培与管理：自开出茶地后，首先是种植木薯，然后再用茶籽（连壳）直播于穴，每穴 3～5 只，株行距离一般是四尺左右，山的坡度一般约 35°，如此约 3 年除草一次，以后随年除草，但不中耕，使土壤易于硬块，根部不发达，每株产茶量少，待 4 年后才能采摘茶叶”。当时还曾先后引种了云南大叶种和湖南江华的茶树品种进行试种研究，以提高鲜茶产量。在此期间，广西利用福建中叶种与云南大叶种的优势培育出来的福云系列茶叶杂交良种也被引种到了梧州。

而制茶技术的改进更是不遗余力，现今六堡茶独特的后发酵工艺也最终得以定型，“主要的特点是杀青、揉捻之后，堆放几点钟进行后发酵后，再行干燥……发酵又和制红茶有些相似，但红茶不炒即发酵……六堡茶炒过才发酵，发酵时间相当长……所以，又叫后期发酵茶。……发酵的方法是：把揉好的茶叶解块抖散后，铺在大簸箕或篾簟上，厚约三四寸，让它自然发酵变化，经过一夜，约六七点钟的工夫，茶叶由青绿色变为青黄色”。六堡茶后发酵工艺中的初制渥堆技术也在此时完全成熟。“通过湿热作用，破坏叶绿素，促进内含物质转化，苦涩味减除，汤色加深，滋味变醇，叶底颜色转变……渥堆叶堆积厚度依气温、湿度、叶质老嫩而定，一般堆高 33～50 cm，若用箩筐渥堆，每筐湿坯 20 kg 左右。气温高时薄堆，嫩叶薄堆，老叶厚堆压紧，渥堆中翻堆 1～2 次，将边上茶翻入堆中，促进质变均匀。渥堆时间，视叶质老嫩、气温高低和天气等情况不同而异。一般气温低、雨天，叶质较老，渥堆时间略长，反之，则较短。通常为 10～15 h。”

另一方面，担负工业化生产任务的中茶梧州办事处加工厂在 1956 年改为广西梧州茶厂后，也对生产技术进行了全面革新，实行高压焗堆办法。“即焗堆时将初蒸过之茶叶由甑倒出逐层堆高，逐层踏实；同时在焗堆的地板上首先淋水以保持底层茶叶一定的水分，茶叶成堆后再在堆面盖上湿透的草席，再压上木板。这样经过约 24 h 即可开堆，然后复蒸。此外，对焙过的茶头先加上适量的水进行堆焖，使其含水量与原堆毛茶大致相同，然后入甑复蒸。采取了这些措施之后，六堡茶发酵不够熟、发酵不均匀等问题得到解决，六堡茶品质大大提高。”茶叶种植、采制和制作工艺的全面优化，使得当时六堡茶的产销量开始逐年扭转，1953 年全广西收购六堡茶仅有 510 t，一年后的 1954 年回升至 1 305 t，1956 年则达到了 3 120 t。

三、六堡茶发展的低谷

六堡茶在 20 世纪 50 年代的这次兴盛没有持续多久。

在新中国成立初期，六堡茶初制仍是由各农户分散进行，而且，土地归农民所有，种茶的经济效益较好，农民的积极性得到很好的调动。经过了 1956 年近 60 万斤的生产高峰后，在 1958 年，开始搞公社化、三面红旗使当时刚刚复兴的六堡茶生产又日渐衰落。

1955—1961 年，当时的六堡公社（乡）人均口粮也比较低，尤其是国家对粮食实行了统购统销以后，由于当时所定六堡茶价偏低，茶区口粮少。时值困难时期，不得已，农民为了“有吃

的，不饿死”，开始在茶山上种木薯等。

“大跃进”运动持续了大约 3 年，到 1960 年底逐渐结束，但六堡茶的种植生产已经是元气大伤了。

由于定的上交任务过重，眼看当时的公社社员均无心种茶做茶，茶场也缺少了护理。蕨类、野草等渐渐长得比茶树还高，眼看茶园日渐荒芜。但是经过了 20 世纪 50 年代的建设，六堡公社茶园已经是很具规模了，公社下一级大队有大队的茶园，生产队也有生产队的茶园，一共有 2 000～3 000 亩。在 60 年代初期，六堡公社还成立了初制精制合一的六堡茶厂，既收购鲜叶加工毛茶，又收购毛茶加工精制六堡茶。

成立了大队和公社以后，在六堡公社的不倚、四柳、高枧、梧桐、塘坪、理冲等大队先后成立了茶叶初制厂，采用水力带动的揉捻机，将全大队大部分茶叶集中在大队茶厂加工，后来发展到连炒茶（杀青）也采用了水力辅助的炒茶机，后来又搞出了专门的大型烘干炉灶。

虽然是有这么规模，上交任务也不再高不可攀，但真正制约六堡茶发展的其他因素依然存在，上交任务的减少，只是让茶农在 20 世纪 60 年代初的困难时期得到短暂的喘息，在之后的一段时间内，六堡茶的产制依然难现往日的辉煌。

20 世纪 50 年代末六堡茶衰落的另一个重要原因是当时的茶叶收购价格偏低。曾经有人在 1953—1955 年对六堡茶进行了成本调查，每 50 kg（当时流行的计量，100 斤称之为一担）六堡茶的生产成本为 28～36 元，而 1955 年收购价格仅 25 元，低于生产成本 11 元，也就是说，种一担茶亏 11 元，种茶制茶越多，就越亏。最低的时候，茶价竟跌到了 18 元一担（50 kg）的收购价，过低的收购价，严重地挫伤了茶农种茶制茶的积极性。

当年的收购政策还侧重于烘青绿茶的收购，而且在价格上予以倾斜。资料显示：1954 年以后，六堡茶便统一制定了收购等级和收购价格，由各个供销部门统一收购。但是，六堡茶的收购价格比同等级的烘青绿茶（不经后发酵工艺）收购价格还低，所以有不少原产六堡茶的地区干脆直接做烘青绿茶，茶农们省去一道后发酵的工序，减少了麻烦，还节省了制茶的时间。这种做法，客观上导致了茶农纷纷不再用六堡茶传统后发酵工艺生产的地道六堡茶，传统工艺受到严重冲击。

当年执行的这些不利于发展传统六堡茶的收购政策，在很大程度上导致了后来被人们所总结出的“加工粗制滥造，传统风味消失”等几个六堡茶衰落的因素，并最终导致六堡茶在港、澳以及出口市场的衰落。

据了解，在当时的计划经济下，六堡茶的生产每年虽然是保持一定的产销数量，但传统工艺没有得到很好的继承，很多消费者反映，生产出来的六堡茶质量难以保证，也渐渐失去了原有工艺特有的传统风味。

导致六堡茶产销停滞的原因有很多，出口主销区政治、经济因素，人们消费口味的变化，其他品种茶如普洱茶对市场的冲击等，都有一定的影响，但一个更深层的原因是在当时的公社化或大队集体的茶场、茶厂，茶农不再有当年的积极性，在茶园护理、传统开发、工艺研究、质量把关等多方面都渐渐流于形式。曾经传统驰名粤港澳的名茶六堡茶，老人们觉得其“变了味”“没有了以前的味道了”。

改革开放后，重新调动起茶农的积极性，六堡茶又渐渐开始萌发出新的生机。在21世纪初，六堡茶，这个久负盛名、历尽沧桑的传统名茶也翻开了兴盛的一页。

四、六堡茶在新时期的发展

（一）“茶船古道”连接海上丝绸之路

这条古道，南出珠江口下南洋，是海上丝绸之路的重要商品之一；北上沿珠江、秦灵渠、长江和京杭大运河上贡朝廷。不仅承载着先辈蜿蜒回转的前行印迹，还封存着六堡茶香飘南洋的历史。“茶船古道，把茶中‘黑宝石’六堡茶的名气推向世界。”广西中华文化促进会副主席彭匈介绍，在《苍梧县志》《广西通志稿》等历史文献和诗词典故中均有记载六堡茶“茶船古道”的千年踪迹。

自古以来,梧州人民采用独特的制茶工艺,制作出享誉海内外的六堡茶,形成了传承千年的名茶发展历史,并通过内河航运把茶叶、瓷器等货物运往世界各地,与外界建立了广泛的贸易关系,形成了历史积淀深厚的"茶船古道"。

专家学者们认为,从梧州六堡镇开始至广州的"茶船古道",再与"海上丝绸之路"紧密连接,延伸到港澳、东南亚乃至北美地区,有着广阔的历史文化挖掘空间,应借助国家实施"一带一路"战略的发展机遇,深入挖掘六堡茶文化,讲好"茶船古道"的故事,更好地宣传推介六堡茶产业,提升六堡茶的影响力。

(二)立足重要门户,拓展市场新空间

广西是全国茶叶重要的生产基地,茶叶总产量超过 6 万 t。六堡茶作为广西重要的茶叶品种,在粤港澳和东盟地区享有盛誉。如今,六堡茶老茶飘新香,成为广西重点发展的特色茶产业之一。当前,广西作为中国面向东盟开放的前沿窗口,正在成为"一带一路"有机衔接的重要门户,这为广西各地与东盟地区进一步开展茶产业交流与合作带来了新的机遇。

六堡茶有着悠久的历史,也是著名的侨销茶,早在清朝中后期已经远销东南亚地区。"一带一路"沿线涵盖的区域是全球最重要的茶叶生产和消费区域,随着"一带一路"战略的推进,茶产业迎来了新的发展机遇。

在"一带一路"战略下,茶产业的机遇包括市场空间巨大、硬件条件改善、出口通关快捷 3 个方面。六堡茶是极具风味与文化特色的黑茶产品,也是我国黑茶和侨销茶的重要代表,要抓住"一带一路"机遇,借助"茶船古道"历史轨迹和六堡茶历史文化积淀,打造今日六堡茶茶缘、情缘、商缘"三缘合一"的独特国际形象。

(三)扶持龙头企业,打造国际化品牌

六堡茶年产值达 11 亿元以上,品牌价值达 15.8 亿元,在广西茶叶类区域品牌中排第一位,还成为国家地理标志保护产品,并获批了首个国家标准。如何让世界了解六堡茶,宣传推广六堡茶文化,展示六堡茶的历史文化底蕴和品牌特色,进一步推广

茶科技，弘扬茶文化，树立茶品牌？来自区内外、海内外茶业专家、学者提出诸多良策。

“六堡茶在外销市场有增长空间，借力‘一带一路’战略开拓消费市场，瞄准目标区域市场开发适销对路的产品，提升茶叶品质，参与标准制定，融入文化交流，扶持龙头企业，打造国际化品牌。”中国农业科学院茶叶研究所研究员、国家茶叶产业技术体系经济研究室主任姜爱芹说。

“梧州应不断提高六堡茶生产质量和品牌影响力，大力开拓东盟国际市场，将六堡茶打造成广西茶产业的龙头和支柱。”全国日本经济学会副会长吕克俭说。

梧州市六堡茶研究院长、博士马士成认为，六堡茶的历史文化底蕴深厚，六堡茶制作技艺还入选了国家级非物质文化遗产。他建议加强六堡茶文化传承与科技创新研究，注重纯手工打造与连续化生产的各自特色，深入挖掘六堡茶内涵，提升科技附加值，加强茶旅文化结合，传承创新、资源共享、优势互补、形成合力，发挥国家非物质文化遗产与国家地理标准产品叠加效应，瞄准目标市场加快六堡茶产业发展。

第二章　六堡茶的栽培

第一节　种苗的繁殖

一、选择茶树良种

(一)选择的基本原则

茶树育种的目的在于产生优良的品种，首先必须掌握下述几点。

第一，目标要明确。高产、优质、适应性强，是茶树育种的主要目标。实践证明，同一个品种或类型，其产量同品质是相协调的；在不同品种或类型间，彼此产量同品质往往存在着多种情况的差别，有的高产优质，有的高产优质二者只占其一。茶树产量和适应性一般是相协调的，而品质和适应性往往存在矛盾。茶树育种工作要充分重视这些矛盾，并使这些矛盾能达到相对统一。

由于茶树是多年生，多次采叶而商品性强的经济作物，从我国茶树选种的长期经验以及茶叶生产发展形势看，在综合性状选择的基础上，当前宜重视品质方面的选择。

第二，材料要丰富。茶树育种工作应征集和创造大量的变异类型，从而进行充分的研究了解，以选育出优良的品种。如果仅局限在数量很少的材料中进行选择，则很难取得成效。

第三，培育条件好。农作物品种只有在优良的栽培条件下，才能发挥它的优良特性。许多茶树良种，多产生在主产区或名产区，主要是由于那里的茶树生长条件较好。在生长衰弱的茶园中，不可能选择出优良的类型。

第四，因时选种。茶树性状和特性的反映，随季节的变化而不同。因此，要把选种对象进行多次观察比较，若仅凭一两次的观察就得出结论，往往是不客观的。例如，看茶树发芽的迟早，就宜在春季；看芽叶的持嫩性，就宜在夏季；看茶树的结实性，就要在秋季；看茶树的抗寒性，就要在冬季。

第五，因土选种。农谚有云："好土出好茶，好种出好茶。"茶树选种应根据土壤情况而有所不同。比如，黄泥土、石砂土，要选择芽叶多、发芽早、抗旱力强而老得慢的品种；山地乌砂土，要选择耐阴、抗寒、抗冷风的，即在严冬期，嫩叶不枯、老叶不发红的品种。

第六，因茶类选种。茶树选种应针对不同茶类提供适制优质的原料，同一品种不可能制出各个茶类都是优异的产品。

第七，加速繁殖。采取边选择、边鉴定、边繁殖、边推广的办法。在育种过程中，经鉴定出有前途的品种，应大量进行无性繁殖，从而在短期内能育出较多的种苗，以适应发展的需要。

(二)茶树性状选择的标准

1.植株

茶树植株要高大，树冠广阔，树势健壮，分枝疏密适度，树姿呈半开展状。茶树高而树冠大，所构成的采摘面就大，个体的发芽数多；茶树分枝疏密适度，有利于叶片进行光合作用，芽叶生长肥重；树姿与树冠同分枝密度是相适应的。

节间较长、分枝角度较大是树冠枝条的另一优良标志。具有这样特征的，它的顶端优势强而木质化较慢，因此持嫩性佳。但要注意的是，节间长的往往抗逆性弱，在旱季或严冬有脱叶现象。还有一种被称为"晒面茶"的类型，它的芽叶突出密生在树冠上层，也是一种丰产标志，通过修剪更容易显示其特性，有利于机械采茶。

2.叶片

茶树叶片要大、长、尖、软，叶面隆起而富有光泽，叶色绿而鲜艳。芽叶肥重，产量高、品质好的品种一般叶片长大，品质低

下的叶片则往往薄而粗硬、叶色深暗。然而暗绿色叶的茶树，对低温的忍受较强，有利于抗寒。叶肥厚而柔软，叶色较浅而富光泽，叶面隆起而显波缘，表示植株活力充沛、育芽性强、适制性好，但是具有这样特征的品种大多经不起干旱、寒冻和病虫害的侵袭。

成茶的外形品质和叶片的形状有关，以外形著称的茶类，如条索美观的红、绿茶用长形的叶片加工比较容易。叶片形态还与某些化学成分有一定的相关性，例如，叶端尖长，单宁含量高；叶面特别隆起具有强光泽，咖啡因含量较多。

叶片的解剖特征，主要是测定海绵组织同栅状组织的比值，比值高则表明叶质柔软而内含物丰富。叶质硬、抗逆性强的标志是表皮细胞壁厚，栅状组织层次多，下表皮气孔小而密，海绵组织细胞紧列。

3. 芽叶

优良茶树品种发芽要早，芽壮而长，茸毛细密，呈绿色或黄绿色，育芽性强。芽头尖壮而不成驻芽的，不“散条”，叫作“蕻子茶”，易成驻芽的叫作“鸡毛茶”。这除了与树势有关外，也与品种有关。嫩度好、品质佳的特征是嫩叶的芽头尖锐，背卷而茸毛丰富，古时叫作“鹰爪”。

色泽不同，芽叶的化学成分含量也有不同，优良品种的茶单宁、水浸出物、咖啡因等化学成分含量一般较高。但由于不同茶类对化学成分要求有所不同，所以不在选择上过于强调。

4. 花果

如果不是以采收种子为目的，则开花早、开花多和结实多的茶树通常都是低劣的类型。茶花、茶果的大小与茶叶的大小有正相关趋势，因此选择茶叶品种，以大形花果为佳。总体来说，优良茶树品种应具有发芽早、育芽多、树冠大、叶色绿、芽叶重、发育快、制茶好、采摘期长、适应性强、新梢嫩等性状特征。

以上是根据茶树的变异特征，提出一些参考标准。对茶树各性状的选择，既有一致的标准，也有不同的要求。必须根据选择的原则和目标，正确地进行选择。

（三）茶树选种的基本方法

在茶树品种选育过程中，以采用单株选择法为简便有效。单株选择法，就是从原始群体中，按一定的性状特性，选择出符合要求的单株，分别扦插育苗，分别种植，通过鉴定比较，从中选择出最优良的单株系，加速繁殖，从而培育出新的品种。

单株选择法，不仅是以个体当代的性状作为选择的依据，而且还能对入选的个体后代进行鉴定。当所希望的某一个经济性状，却与茶树生物学特性不协调或者无关时，只有用单株选择法才能取得良好的效果。通过单株选择法，不但能获得性状较纯一、遗传性比较巩固的品种，而且后期的繁殖系数也是相当大的。一个单株，在五六年内，至少可以繁殖苗木 5 万株。

茶树单株选择的对象，一般是成龄茶树和台刈茶树；也可以是幼年茶树或幼苗。它的选择步骤可分为以下几点。

第一，从原始材料中选出优良的单株。

第二，对入选的单株在观察鉴定的同时，分别进行繁殖。

第三，对有希望的单株系苗木进行比较鉴定。

第四，选拔优良单株系作为品种的开端，再大量繁殖参加品种比较试验或生产试验，对性状显著优良而稳定的，可直接向生产上推广（图 2-1）。

二、我国茶区划分和茶树种质资源分布

（一）华南茶区

华南茶区位于南岭以南，元江、澜沧江中下游的丘陵和山地，包括福建和广东中南部，广西和云南南部以及海南和台湾，是我国气温最高的一个茶区。此区南部为热带季风气候，北部为南亚热带季风气候，年平均气温为 18～20℃，大于或等于 10℃积温在 6 000℃以上，年极端最低气温高于－3℃，极端最低气温大于 0℃的保证率在 80％以上，冻害基本不会发生。1 月平均最低气温 5℃以上，相对湿度 75％～85％，绝大部分地区年降雨量在 1 500 mm 以上。整个茶区高温多雨，水热资源丰富，

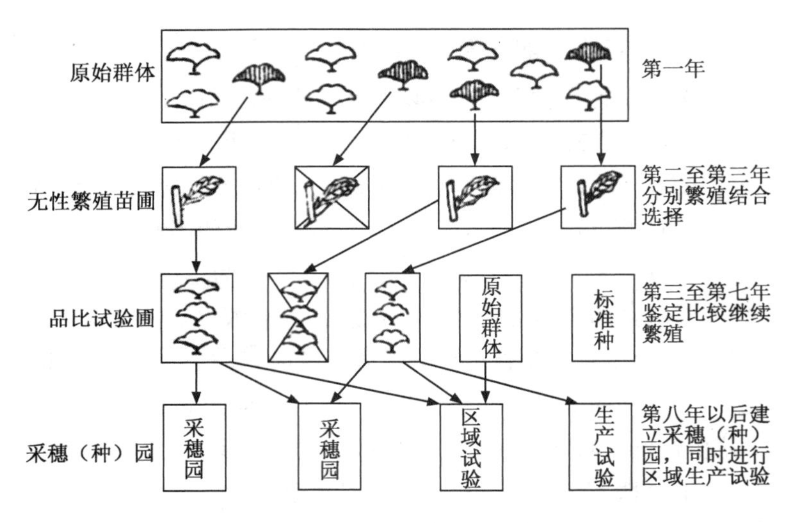

图 2-1　茶树单株选择法示意图

来源：邹彬. 优质茶叶生产新技术[M]. 石家庄：河北科学技术出版社，2013.

适宜茶树尤其是大叶种茶树栽培。本区土壤大多为砖红壤和赤红壤，部分是黄壤。

本区茶树资源极其丰富，以乔木型或半(小)乔木型为主要茶树品种，部分地区分布有灌木型的茶种。红茶、普洱茶、六堡茶、绿茶和乌龙茶等茶类均有生产。

(二)西南茶区

西南茶区位于米仑山、大巴山以南，红水河、南盘江、盈江以北，神农架、巫江、方斗山、武陵山以南，大河以东，包括贵州、四川、重庆、云南中北部和西藏东南部等地。此区气候温暖湿润、水热资源充裕，年平均气温为 15.5～18℃，绝大部分地区大于或等于 10℃积温都在 5 000℃以上(云贵高原略偏低)。

冬季有秦岭大巴山屏障可有效阻挡寒潮侵袭，气候较为温和。区内无霜期 210～230 d，年降雨量 1 000～1 600 mm，茶树生长季节 4—10 月份，月平均降水量大多在 100 mm 以上，相对湿度 80%左右，可以有效满足茶树的生长需要。区内大部分地区为盆地、高原，土壤类型复杂，川北地区土壤变化尤其大，滇中北以赤红壤、山地红壤和棕壤为主；川、黔及藏东南以黄壤为主。

pH 5.5～6.5，土壤质地较黏重，有机质含量一般较低。

区内茶树资源较为丰富，灌木型、小乔木型和乔木型等茶树品种类型都有栽培，生产的茶类有红茶、绿茶、普洱茶、边销茶和花茶等。

（三）江南茶区

江南茶区是我国茶叶的主产区，位于长江以南，大樟溪、雁石溪、梅江、连江以北，包括广东和广西北部，福建中北部，安徽、江苏和湖北省南部以及湖南、江西和浙江等省。此区基本属于中亚热带季风气候，南部为南亚热带季风气候，四季分明，具体表现特点为春温、夏热、秋爽、冬寒。全年平均气温为15～18℃，冬季气温一般在－8℃。年降水量1 400～1 600 mm，春夏季雨水最多，占全年降水量的60%～80%，秋冬季则较少，易发生伏旱或秋旱。此区宜茶土壤基本为红壤，部分为黄壤或黄棕壤，还有部分黄褐土、紫色土、山地棕壤和冲积土等，pH 5.0～5.5。

此区资源丰富，产茶历史悠久，茶树品种主要是灌木型中叶种和小叶种，小乔木型的中叶种和大叶种也有分布。绿茶、红茶、乌龙茶、白茶、黑茶以及各种特种名茶均有生产，西湖龙井、君山银针、黄山毛峰、洞庭碧螺春等品质优异、经济价值较高的历史名茶，更是世界驰名。

（四）江北茶区

江北茶区是我国最北的茶区，位于长江以北，秦岭、淮河以南，包括甘肃、陕西和河南南部、湖北、安徽和江苏北部以及山东东南部等地。此区属北亚热带，部分地区属暖温带。年平均气温除西南部分地区以外，多在15℃左右，全年大于或等于10℃的积温在4 500℃左右。最冷月份平均气温2～5℃，极端最低气温的多年平均值在－10℃以下，其极端值低于－12℃时，茶树易受冻害。

区内地形复杂，与其他茶区相比，气温低，积温少。因地形较复杂，有的茶区土壤酸碱度略偏高，宜茶土壤多为黄棕壤，部分为山地棕壤，土质黏重，肥力不高，是在常绿阔叶混交林的作

用下而形成。本区种植茶树品种多为灌木型中小叶种，抗寒性较强。绿茶是其主要生产茶类，香高味浓，品质较优。

三、广西茶树种质资源情况

广西地处我国西南，与云、贵、湘、粤及越南毗邻，茶树种质资源相当丰富。在20世纪80年代，由广西桂林茶叶科学研究所对广西8个地区62个县市进行了茶树种质资源收集、调查，发现了广西有地方茶树种质资源70多份，其中野生大茶树资源30多个，罕见资源5个，分别为金秀白牛茶、土霸王、凤凰山野生茶、云大单选3号、乐业野茶，在广西凌云县沙里乡浪伏村还发现了千年古茶树。采制腊叶标本702幅，照片141个品种206幅。在研究所内建立活体种质资源保存圃1.53 hm^2，保存250份茶树资源，对其中160份资源进行农艺性状调查研究，初步掌握了各资源的农艺特点，编写了《广西茶树资源形态特征观察初报》对90个品种资源的鲜叶中与制茶品质密切相关的主要生化成分：水浸出物、茶多酚、氨基酸总量、咖啡碱、儿茶素组成及总量进行了系统、全面的测定分析，从而进一步掌握了广西地方茶树品种资源主要生化成分含量的特点及规律；比较全面的了解了广西茶叶的品种及资源，编著了《广西茶树品种资源研究》一书。至2010年，通过引进，补充了一些省外及从中国台湾地区引进的品种，现已有400多个茶树品种的实生资源圃。

广西山多，云雾多，漫射光多，特有的自然环境条件为茶树生长提供充足适宜的温、湿、光、水条件，有利于茶树的生长。改革开放以来，经过广西茶叶科技工作者的努力，通过对地方品种和一些引进品种的筛选、培育，选育出了具有广西特色的早芽种桂绿1号、桂红3号、桂红4号、尧山秀绿、桂香18号5个国家级良种，同时选育出了桂香22、桂热1号、桂热2号3个省级茶树良种，茶树种质资源开发、利用、培育在广西也已日渐显示出了它的地域优势。

近年来，广西桂林茶叶科学研究所科技人员非常重视对茶树种质资源的保护，经过调查，收集到了珍稀、濒危野生茶树资源10份，采集茶树资源150份，共享的种质资源50份，并为区内外提供资源共享30份，筛选育出8个优良品系，在广西各茶区筛选了16个特异性状的茶树种质资源。①

四、六堡茶适制主要品种特性

渥堆发酵的主要机理是湿热和微生物作用，这一传统工艺特点，形成了六堡茶特有的品质风格。与六堡茶加工品质密切相关的茶树品种是渥堆发酵基础。除六堡茶外，广西20世纪末期引进的云南大叶种、桂西茶区的凌云白毫茶等大叶品种茶树，内含茶多酚类物质丰富，也非常适宜加工黑茶类产品，目前广西栽培适制六堡茶的主要品种及其特性如下。

（一）六堡茶

原产于苍梧县六堡乡，现分布于苍梧、贺县、藤县、岑溪、灌阳等地，面积约500 hm^2。该种为地方群体品种，属灌木型中叶种。树姿开展，分枝密。芽色有青、红、白三种，以青芽最多，产量和品质也较好。在桂林，春茶鲜叶含水浸出物42.65%，茶多酚28.77%，氨基酸总量3.12%，咖啡碱3.77%，儿茶素总量143.99 mg/g。品质优良，汤色红亮，滋味醇和爽口，香气纯正，耐久藏，以陈茶为优，茶叶中有“发金花”的尤为佳品。

（二）凌云大叶种

它也称凌云白毫种，原产于广西凌云县，已有100多年栽培历史，1985年全国农作物品种审定委员会认定为国家级群体品种，是广西第一个获得国家地理标志保护的品种。属大叶型晚生品种，芽叶肥壮，绿或黄绿，茸毛特多，持嫩性强；抗寒、抗旱及抗螨类能力较弱。在桂林生的茶树，春茶鲜叶含水浸出物46.75%、氨基酸总量3.93%、茶多酚30.44%、咖啡碱4.39%、儿茶素总量138.63 mg/g。适制六堡茶，主要分布在凌云县、乐

---

① 诸葛天秋，林朝赐，罗跃新，等. 浅谈广西茶树种质资源保护的重要性[J]. 广西农学报，2011(5).

业县、西林县，2005 年种植面积 0.67 万 hm^2，产量 0.2 万 t，适宜广西西北茶区引种。

(三)云南大叶种

原产于云南省境内，是国家级茶树优良群体品种。从 20 世纪 50 年代后期引入广西，2005 年种植面积 1.6 万 hm^2，产量 1.1 万 t。属大叶型早生种，嫩芽叶黄绿肥壮，茸毛多，育芽能力和持嫩性强，抗寒性中等。在桂林 5 年生茶树，春茶鲜叶含水浸出物 44.27%，茶多酚 30.15%，氨基酸总量 3.34%，咖啡碱 2.24%，儿茶素总量 161 mg/g。适制六堡茶，已在广西茶区大面积引种。

(四)龙脊大叶种

原产于广西龙胜县龙脊村等地而得名，群体品种。主要分布于龙胜、临桂茶区，2005 年种植面积 500 hm^2，产量 200 t。属大叶型早生种，嫩芽叶黄绿色，少数为紫芽，茸毛少，育芽能力较强；抗寒性强。在桂林生茶树，春茶鲜叶含水浸出物 45.90%，茶多酚 30.18%，氨基酸总量 3.6%，咖啡碱 4.6%，儿茶素总量 183.1 mg/g。适制六堡茶，成品茶有桂圆甜香，滋味浓醇。

(五)安塘大叶种

原产于广西上林安塘乡，为地方群体品种。主要分布在南宁地区，面积约 200 hm^2。属乔木或小乔木的大叶种，树姿开展，分枝中等，新梢紫芽较多。在桂林种植，鲜叶水浸出物 46.04%，茶多酚 30.64%，氨基酸总量 3.09%，咖啡碱 4.84%，儿茶素总量 182.44 mg/g。适制六堡茶。

(六)南山白毛茶

又名圣山种，原产于广西横县南山应天寺，为地方群体品种。主要分布在南山茶区，面积约 200 hm^2。属小乔木的中叶种，树姿半开展，分枝密，新梢黄绿，茸毛较多。在桂林三年生茶树，春茶鲜叶水浸出物 42.19%，茶多酚 25.93%，氨基酸总量 4.23%，咖啡碱 3.76%，儿茶素总量 141.57 mg/g，茶多酚含量不高，但果胶质及氨基酸含量高，适制六堡茶。

（七）桂绿1号

由广西桂林茶叶科学研究所选育，2004年全国农作物品种审定委员会鉴定为国家级无性系良种。2005年在桂林、南宁、百色等地种植，面积200 hm^2，属中叶特早芽品种，春茶芽梢黄绿，茸毛中等，产量高，抗高温干旱、抗寒、抗病害能力较强。桂林种植，春茶鲜叶含水浸出物42.98%、茶多酚33.71%、氨基酸总量3.63%、咖啡碱4.63%。适制六堡茶，适宜华南茶区引种。①

五、茶树品种的鉴定

在整个选种过程中，从研究原始材料开始，一直到获得新品种为止，都必须根据选种的要求进行鉴定。鉴定的方法愈细致，选种的效果也愈大。

茶树品种鉴定内容，主要分产量鉴定、品质鉴定和生育期鉴定三个方面。

（一）产量鉴定

茶叶产量决定于单位面积内植株数量及单株产量，而单株产量主要是芽叶数量与单个芽叶重量所构成的。充分地研究育种材料构成丰产的各种因素，就可能对它的产量有一个正确的估计。产量鉴定的方法一般有如下3种。

1. 全年采摘法

按一定的采摘标准，按小区分期分批及时采摘，分别统计各品种一年内产量，以便直接比较各品种产量的高低。此种方法接近生产实际，但需要有连续进行几年的结果来确定。

2. 季节采摘法

按一定的采摘标准，于一年内的一两个茶季（春或春夏茶）或高峰期，在一定面积内及时采下鲜叶，进行产量估测。此法所得的结果是全年产量的一部分，基本上可反映所鉴定品种产量

---

① 韦静峰，文兆明．广西六堡茶[J]．广西农学报，2008(3)．

的高低。

3.修剪打顶法

利用修剪下的枝叶重量或打顶的芽叶重量,作为产量的间接指标,从而推断所鉴定品种的产量。此法的根据,是因茶树的一般生长势愈旺盛,则修剪下的枝叶或打顶的芽叶就愈多,它的预期产量也就愈高。对正式开采前的幼龄茶树和幼苗可以采用,同时,还可以作为直接鉴定的辅助材料。

(二)品质鉴定

茶叶品质的优次,很大程度上取决于茶树的品种,成茶品质是鲜叶原料品质同加工技术综合作用的结果,因此,品质鉴定一般分鲜叶品质和成茶品质两方面进行。

鲜叶品质包括它的物理性状和化学成分。不同茶类对鲜叶的要求也不尽相同。鉴定鲜叶的物理性状主要是看嫩度和鲜叶组成的机械分析。鲜叶组成的机械分析方法简单易行,通常是随时抽取定量的鲜叶样品,把正常芽叶、对夹叶、单片、梗子杂质分开,并分别称其重量和数量,从而算出它们各占的百分比。但必须抽样几次,以求出平均值为宜。

鲜叶的化学成分鉴定,主要是测定茶单宁、咖啡碱、水浸出物、芳香油、果胶、蛋白质、维生素等主要成分的含量。

凭鲜叶品质鉴定,仅能了解基本情况,因此,还必须通过多次的制茶实验和成茶品质的审评,才能得出较正确的结论。

(三)生育期鉴定

生育期鉴定的主要方法是物候期的记载。物候期是指在外界环境条件影响下,植物外部形态显著变化而划分的许多时期,例如茶树的萌芽期、真叶开展期、开花期和休眠期等。不同品种茶树,各物候期的出现时期是不相同的,因而它们的生育期也就有长有短;即使同一品种在不同年份或不同地区,它们的各物候期和生育期也有所不同。因此,在鉴定生育期时,还必须记载自然条件、栽培管理方法和植株生长状况等。

进行物候期记载,首先取样应有代表性,观察植株数量应符合统计的要求，分别记载并求出品种各物候期的平均日期和范围。物候期的记载应连续进行三四年，才可能获得精确的结果。

六、茶树的繁殖

（一）茶树的无性繁殖

茶树繁殖包括有性繁殖和无性繁殖两大类。绝大多数茶树品种兼有有性繁殖与无性繁殖的双重繁殖能力。

无性繁殖亦称营养繁殖，是利用茶树茎、叶、根、芽等营养器官或体细胞等繁殖后代的繁殖方式，无性繁殖的繁殖方法主要有扦插、压条、分株、嫁接等。目前，短穗扦插在生产上的应用较为普遍。无性繁殖能够保持良种的特征特性，茶苗性状比较一致，但育苗花工多，成本大，对栽培管理要求较高。我国及世界其他主要产茶国新育成的良种基本采用这种方式进行种苗繁殖。但无性繁殖的茶苗适应性较差，因此还应因地制宜地选用繁殖方法，尤其是在高山或土壤贫瘠的地区。

1.采穗母树的培育

供取穗用的优良母树应具有产量高、质量好、抗逆性强的特点。为了使母株能提供大量优质的枝条，在取穗前，应加强对母株的培育管理，4～5 年生或壮龄茶树要进行深修剪；生长势较弱的老茶树，应根据扦插取穗的时间进行重修剪或台刈。供夏秋扦插取穗的壮龄茶树，可在春茶萌动前（惊蛰前后）进行；供翌年春夏扦插取穗的老茶树，则可在春茶后进行。对于修剪或台刈后的母树，中耕、除草、施肥、防治病虫害等管理措施必须加强。另外，还要重视母本茶园在干旱季节的防旱抗旱措施，以促进茶树的生长。

2.扦插苗圃的建立

扦插苗圃是扦插育苗的场所。其条件的好坏，不但直接影响扦穗的发根、成活、成苗或苗木质量，而且直接影响到苗圃地的管理工效、生产成本和经济效益。所以，必须尽量选择和创造一个良好的环境，以提高单位面积的出苗数量和质量。

(1)苗圃地的选择　选择一块好的苗圃地,不仅可以提高管理的工效,还可以提高扦插茶苗的成活率和茶苗质量。因此,苗圃地选择的好坏非常重要。一般来说,地形平坦、土质疏松的红、黄壤土的地方较为适合,除此还应有便利的水源、交通条件,以便苗圃浇水及茶苗调运工作。

(2)苗圃地的整理　一般每公顷苗圃所育的茶苗,可满足约 30 hm^2 单行条列式新茶园苗木的需要。在规划好的基础上,进行苗圃的整理,有利于茶苗生长发育、苗圃管理和土地的利用。具体要做好以下工作。

①土壤翻耕。翻耕深度在 30～40 cm,可以改良土壤的理化性质,提高土壤肥力,消灭杂草和病虫害。水稻田作苗圃园需要提前一个月开沟排水,再进行深耕。翻耕可与施基肥结合进行,一般每公顷施以 22 500～30 000 kg 腐熟的厩肥或 2 250～3 000 kg 腐熟的茶饼肥。具体做法是:翻耕前将基肥均匀地撒在土面上,再翻耕,翻耕后打碎土壤,耙平地面。

②苗畦整理。长 15～20 m、宽 1～1.3 m 是扦插苗畦最适宜的规格,过长管理不便,过短则土地利用率不高;过宽苗床容易积水,不利于苗地管理,过窄则土地利用不经济。根据地势和图纸决定苗畦的高度,平地和缓坡地一般为 10～15 cm,水田或土质黏重地通常为 25～30 cm,畦沟底宽约 30 cm,面宽约 40 cm,苗地四周开设沟宽约 40 cm、深度为 25～30 cm 的排水沟。开沟作畦前应先进行一次 15～20 cm 深耕,剔除杂草和碎土,然后作畦平土。

③铺盖心土。在短穗扦插育苗的苗床上铺红壤或黄壤心土,可以提高育苗成活率。苗床整理好后,在畦面均匀铺上 3～5 cm 经筛(孔径 1 cm)筛过、pH 4.0～5.5 的心土作为扦插土。铺后稍加压压实使畦平整,利于扦插时插穗与土壤充分密接。在红、黄心土取用不便的地方,也可以用其他质地疏松,通透性良好的酸性土壤。

④搭荫棚。扦插育苗必须进行遮阳,以避免阳光的强烈照射,降低畦面风速,减少水分的蒸发,提高插穗的成活率。少数

茶园的遮阳方式是用铁芒萁等直接插在苗畦中，大多数茶区则搭建荫棚遮阳。目前，生产上应用较多的是平式低棚和拱形中棚(图 2-2)。

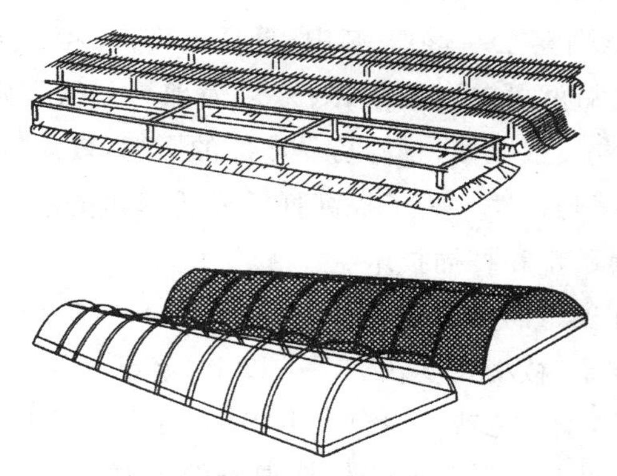

图 2-2　平式低棚示意图和中棚示意图

来源：邹彬. 优质茶叶生产新技术[M]. 石家庄：河北科学技术出版社，2013.

平式低棚：这种棚材料简单，管理方便，适宜活动覆盖。具体做法：每隔 1.0～1.5 m 的距离在畦两侧插入一根长 60～70 cm 的木桩，入土深度 30～40 cm，然后用小竹竿或竹片，把各个木桩顶部连成棚架，再将竹帘或草帘盖在上面。

拱形中棚(又称隧道式中棚)：这种棚土壤利用率高，省工省力。具体做法：以 1 m 宽的苗畦标准，用长度 2.3～2.5 m 的竹竿，隔 1 m 插 1 根，竹竿两端插入畦的两侧，形成中高 60～70 cm 的弧形，再将上、中、下部各支点用小竹竿或竹片连接，上部覆盖塑料薄膜和遮阳网。目前，这种棚架在春插秋插中采用最多，可以有效遮阳、保温和保湿，并节省劳动力。

3. 扦插技术

扦插技术的高低和苗圃管理的好坏，与多出苗、出好苗有着密切的关系。茶树扦插技术包括扦插时间的掌握、插穗的选择和剪取、育苗地条件的调控和促使快速发根技术等。

(1)扦插时间　通常来说，在有穗源的前提下，茶树一年四季都可以扦插。然而各地的气候、土壤和品种特性不同，扦插的

效果也存在一定的差异。对于扦插时间的选择，应充分结合各地气候、季节特点，发挥出品种的最大优势。一般春插在3—4月份（春分至清明），夏插在6—7月份（夏至至大暑），秋插在9—10月份（白露至寒露）。其中，夏插温度高、穗源多、枝条壮、扦插半个月后就可愈合发根，效果最为理想。秋季则因气温逐渐下降，愈合发根缓慢，且容易受冰冻的影响，效果较差。

（2）剪穗与扦插　为了提高扦插成活率和苗木质量，必须严格把握剪穗质量和扦插技术。

①标准穗条的剪取。母树经打顶后10～15 d即可剪穗条。穗条的标准是：枝梢长度在25 cm以上，茎粗0.3～0.5 cm，2/3新梢木质化，呈红色或黄绿色。上午10时之前或下午3时以后为穗条剪取的最佳时间。为保持穗条的新鲜状态，剪下的穗条应该放在阴凉、湿润的地方，并尽量做到当天剪、当天插。如果需要外运，穗条要充分喷水，为减少对插穗枝条的伤害，堆叠时不能使枝条挤压过紧。

贮运不能超过3 d，其间要注意堆放枝条的内部是否发热，避免因堆压过紧，发热，灼伤枝条。在剪取穗条时，为更好恢复树势，应在母树上留1片叶。穗条剪取后，应及时剪穗和扦插。

②标准插穗的剪取。插穗的标准是：长度约3 cm，带有一片成熟叶和一个饱满的腋芽。一般一个节间剪取一个插穗，但节间过短，可用2个节间剪成一个插穗，再剪去下端的叶片和腋芽。剪口要求平滑，略有一定倾斜度，保持与母叶成平行的斜面（图2-3）。

③扦插方法。扦插前要用木板或画行器在畦面上画好行线，行距约为12 cm，株距1.5～1.7 cm，可随叶的大小适当放宽或缩小。若土壤干燥，可适量喷水，使土壤湿润，等不黏手时再进行扦插。扦插好后，叶片之间不能留有空隙，也不能重叠太多。

扦插时间最好在上午10时以前和下午阳光转弱后进行。插时用拇指和食指夹住短穗上端竖直插下或稍倾斜插入土中，深度以插入插穗的2/3长度至叶柄与畦面平齐为宜。边插边将插穗附近的土稍压实，使插穗与土壤密接，以利于发根。插完一

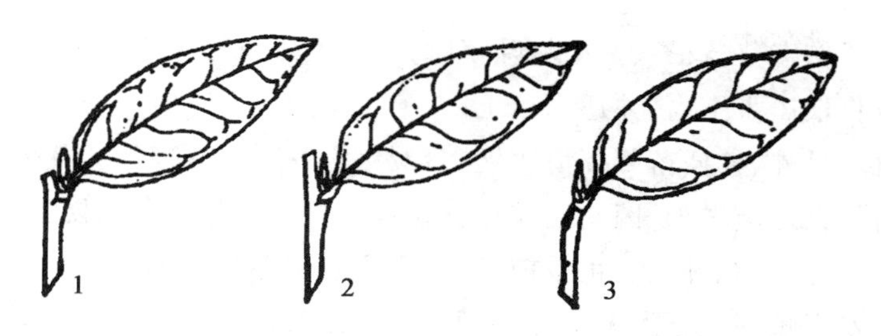

1. 符合标准的短穗；2. 上端小桩过长；3. 上端过短，下端剪口相反

图 2-3　插穗的剪法

来源：邹彬. 优质茶叶生产新技术[M]. 石家庄：河北科学技术出版社，2013.

定面积后立即浇水，随时盖上遮阳物。如果天气较炎热，要边扦插、边浇水、边遮阳，以防热害。

为了提高扦插的成活率，在扦插过程中要掌握插穗壮、黄土润、插得直、压得紧、浇水透等技术要点。

4. 扦插育苗管理措施

扦插后的管理，是提高成苗率、出苗率和培养壮苗的关键，非常重要。

(1)浇水和灌水　由于新陈代谢作用的进行，插穗在生根以前需要消耗很多的水分，尤其是气温较高的时候。所以，苗圃每天上午、下午都要浇水，保持叶面和土壤湿润，增大苗圃的相对湿度。否则，很可能造成茶苗萎蔫甚至枯死。待 2～3 个月后，插穗形成了完整的植株，吸水作用加强了，可改为 1 d 一次或隔天浇水一次，每次浇水仍要达到畦上土壤全部湿润。浇水最好用喷水壶或喷水桶淋浇，不要泼水。在卷帘矮棚苗圃浇水时，可不必揭帘，直接将水浇在帘上。苗圃用水必须清洁，不能用泥浆水或污水，否则可能引起枝叶腐烂。

短穗生根出苗后，也可以在傍晚引水灌溉。灌水深度应低于畦面 3.3 cm，不能淹没，并在浸灌五六个小时后及时排水。雨后也应及时排除沟内积水，以免影响根系的生长。

(2)中耕除草　由于扦插苗圃经常浇水，土壤容易板结，杂草生长很快。如果不及时中耕除草，不但后期费时费工，而且容易损伤茶苗。在一年内，中耕除草 2～3 次，深度 1.7 cm 左右，

不要伤害茶苗根系。中耕除草时，如果发现有根系外露的茶苗，应将根压入土内，并适当培土。

另外，扦插苗圃环境阴湿，容易发生病害，虫害也会随着茶苗长大逐渐增加，因此还应根据各地病虫发生情况及时防治。

(3)追肥扦插　生根前，茶苗主要靠短穗自身的营养维持生长发育短穗愈合发根后，就要及时追肥，为茶苗供给生长所需的营养物质，否则茶苗生长瘦弱。尤其是春插苗圃，为了使茶苗迅速生长，能达到当年出圃的要求，追肥更应加强。

追肥的原则是量少次多，先稀后浓。第一次追肥通常应在扦插 3 个月后进行，每亩用腐熟的粪尿 200 kg，过磷酸钙 7.5 kg，对水 1 500 kg，在行间均匀喷施；第二次追肥在 4 个月后进行，可用硫酸铵 5 kg(尿素 2.5 kg)、过磷酸钙 5 kg，或者用人粪尿 500 kg、过磷酸钙 5 kg，对水 1 000 kg，在行间均匀喷施；第三次在扦插 6 个月后进行，用人粪尿 500 kg，对水 1 000 kg，在行间均匀喷施。

要注意的是，每次追肥后应用清水淋洗茶苗，以避免茶苗被肥料烧伤。

(4)护理荫棚　为了使茶苗在自然环境条件下接受锻炼，增强抗逆力，要经常对荫棚进行护理和修补。拆棚时间，春茶通常在 9 月下旬或 10 月上旬的阴天进行；夏秋季茶可在第二年清明前(4 月初)进行。

(5)防寒保苗　茶苗在冬季前未出圃或较冷及高山茶苗的苗圃应注意防冻保苗。冬前摘心，抑制新梢继续生长，促进成熟，使茶苗本身的抗寒能力得到增强。也可因地制宜，以盖草、覆盖塑料薄膜，留遮阳棚，在寒风来临方向设置风障等遮挡方法保温，或以霜前灌水、熏烟、行间铺草等以增加地温与气温。目前，生产上广泛采用塑料薄膜加遮阳网双层覆盖，可以控制微域生态条件，使苗床的气温和土温得到有效提高，既可以促进发根，又能够防寒保苗，是秋、冬扦插中值得推广的一项有力措施。

除了做好以上工作外，苗圃管理还需及时摘除花蕾。因为插穗上着生的花蕾会大量消耗体内的养分，同时抑制腋芽的萌发生长。摘除花蕾可以将养分集中，促进茶苗的营养生长。

5. 苗木出圃与装运

茶苗达到一定高度和粗度就可以出圃。为了方便茶苗移栽，同时充分利用苗圃地，出圃时间通常应安排在冬季或早春。如果苗圃土壤干燥，出圃前应先浇水湿润。为避免损伤茶苗根系，取苗时要适当带土。

装运过程中，合理的装运方式对茶苗的生活力有极大的影响，茶苗外运时，必须用稻草包扎，不能使茶苗根系外露。品种茶苗应在外面挂上标记，写明品种名称、数量，以免发生差错。在运输途中，要防止日晒和风吹，并适当浇水，以免茶苗发生萎蔫现象。茶苗运到目的地后，应分品种堆放，并及时栽种。

(二)茶树的有性繁殖

有性繁殖又称种子繁殖，指通过有性过程产生的雌雄配子结合，以种子的形式繁殖后代的繁殖方式。目前，我国有很多优良的有性群体品种。在冬季气温低的北部茶区及一些较寒冷的高山茶区，有性繁殖仍是一种重要的繁殖手段。

种子繁殖方法简单，成本较低，后代适应性强，比较耐瘠，容易栽培。缺点是后代容易产生变异，不利于保持母树的优良性状。

1. 茶籽采收与贮运

茶籽的采收与贮藏运输直接影响着茶籽的活力，因此对茶籽的采收和采后种子的贮藏运输管理必须予以重视。

(1)茶籽采收　茶籽在茶树上经过 1 年左右的时间才能成熟，茶籽趋向成熟期，其生理变化主要是可溶性的简单有机物质向种子输送，经过酶的作用，转化为不易溶解的复杂物质(如淀粉、蛋白质和脂肪等)，并贮藏在子叶内，随着茶籽成熟，营养物质进一步积累，水分逐渐减少。

掌握茶籽的成熟期，适时采种非常必要。采收过早，由于茶果尚未达到成熟，茶籽含水量高，营养物质积累少，容易干缩或腐烂，从而丧失发芽力，即使可以发芽的，茶苗也无法健壮生长。采收太迟(11 月以后)，果皮容易开裂，落地茶籽受到暴晒和潮

湿等影响，种子容易霉烂。而适时采果，可以增收茶籽，提高茶籽的发芽率。

在茶籽采收的季节，种子工作应有专人负责。采收时，对选择的良种茶树的茶籽应另采另放，落到地下的好茶籽也要捡拾，做到“采尽树上果，捡尽地上子，颗粒还家不浪费”。

我国多数茶区，霜降（10 月 22 日）前后 10 d 是茶果的最佳采收期。当多数茶果已成熟或接近成熟时即可采收。茶果成熟的标志为：果皮呈棕褐色或绿褐色；背缝线开裂或接近开裂；种子呈黑褐色，富有光泽；子叶饱满，呈乳白色。通常来讲，茶树上有 70％～80％茶果的果皮褐变失去光泽，并有 4％～5％的茶果开裂时，就可以采收。

茶籽采回后，应在阴凉干燥的地方摊放，每天翻动一次，几日后果皮开裂，用筛子筛出种子，再摊晾阴干一些水分。摊放的厚度 10 cm 左右，不能堆积和日晒，并要经常用木齿耙翻动，避免种子温度过高。种子的含水量阴干至 30％左右即可，然后簸去夹杂物，剔去虫伤子、空壳子和霉变子，用孔径 11～13 mm 的筛子分级，筛面上的茶籽为合格茶籽，留下贮藏和播种用，筛下的不合格茶籽则另作他用。

（2）茶籽的贮藏与运输　茶籽在贮藏过程中，一方面保持必要的含水量，另一方面可完成后熟作用。

茶籽贮藏的方法因时间的长短而不同：

短期（20 d 内）贮藏，可以用麻袋盛装，斜靠排列，不要堆积。长期的（20 d 以上）贮藏，可用沙藏法。具体做法是：在阴凉干爽的室内铺 7～10 cm 厚的湿沙，上面摊一层 10～13 cm 厚的茶籽，茶籽上又铺湿沙 7 cm，再摊茶籽 10～13 cm。如此种、沙相间各二三层，最后盖 7 cm 厚的表面沙，总厚度不宜超过 1 m。沙藏法要求种子的含水量在 25％～30％。

如果茶籽不需外运，也可以进行畦藏法。这是一种比较简单的室外贮藏方法：选择排水良好，地势平坦的红、黄壤土的地方，整土作畦，畦宽 1～1.5 m，高 13～17 cm，将种子密播在畦上，厚度 7 cm 左右，然后盖上 7 cm 左右的细土或湿沙，再铺上一层稻草，至翌年春天把茶籽取出来正式播种。

如果茶籽需要运往外地，必须做好包装，通常可用草袋、麻袋、竹篓包装，每件装茶籽 25～30 kg 为宜。同时要尽量缩短茶籽的运输时间，途中应注意防潮防热，避免烈日暴晒和雨水淋洗。到达目的地后，应及时解包检查、妥善摊放，并尽快播种。如果无法及时播种，应做好贮藏工作。

2. 茶籽播种与育苗

播种方法对幼苗的生长势和抗逆性以及成活率的影响很大。设法促进胚芽早出土和幼苗生长是茶籽育苗技术的核心。

播种前，应对茶籽进行品质检验，以确定播种量。检验的标准为：首先，不能有果皮、空壳、霉籽、虫蛀籽、破裂茶籽和其他夹杂物。其次，茶籽大小、重量应符合国家规定，直径通常不小于 1 cm，种皮黑褐色有光泽，子叶肥大湿润呈黄白色。每 1 000 粒茶籽的重量约为 1 kg。最后，茶籽含水量应在 22%～38%，发芽率不低于 75%。

(1)播种时间　茶籽采收当年的 11 月至翌年的 2 月，均可进行播种。如果推迟到 3 月以后播种，会大大降低发芽率。

(2)浸种和催芽　茶籽在播种前进行浸种和催芽(特别是春播最好进行浸种催芽)，可以有茶苗出土早、出苗齐、苗木健壮和成活率高的效果。如果播种早，茶籽含水量高，浸种时，茶籽容易下沉。下沉的种子，可以取出播种，浮在水面的则继续浸，大约经过 5 d，仍不能下沉的茶籽则不适用于直播。如果播种迟，茶籽含水量往往较低低，浸种刚开始很少下沉，2～3 d 才逐渐下沉。连续浸种 1 周后，除去浮在上面不能用于播种的种子。浸种期间，每天应换水一次，顺便将下沉的茶籽取出播种。

浸种后的优质茶籽，经过催芽后播种，一般可以提前 1 个月左右出土。方法是：先在木盘内铺上 3.3 cm 厚的细沙，沙上铺放 7～10 cm 厚的茶籽，茶籽上盖一层沙，沙上盖稻草或麦秸，喷水后放置在室温保持在 50℃左右的保温室中，每天注意换气和喷水。催芽所需时间，春季为期 15～20 d，冬季 20～25 d，当有 40%～50% 的茶籽露出胚根时，便可以播种。胚根露现以

0.7～1 cm长为宜，过长不便于播种。

(3)播种方法　茶籽含有较多脂肪，当种子萌发时，脂肪被水解转化为糖类，需要充足的氧气，同时茶籽子叶大，萌发时顶土能力弱。所以，播种时不宜盖土太厚，播种深度最好为3～5 cm。但综合季节、气候、土壤变化等因素，冬播应比春播稍深，沙土应比黏土深，旱季也应适当深播。

茶籽播种分为大田直播和苗圃地育苗两种。大田直播的优点是简便易行，但苗期管理工作量大。苗圃地育苗方式，苗期管理集中，易于全苗、齐苗和壮苗。大田直播是根据茶园规划的株行距直接播种，每穴播种3～5粒。苗圃地育苗的播种方式有穴播、撒播、单株条播、窄幅条播及宽幅条播等，其中穴播和窄幅条播在生产上应用较多。

一般穴播的穴距为10 cm左右，行距为15～20 cm。每穴播5粒种子，每公顷播种量1 200～1 500 kg。窄幅条播的行距约为25 cm，播幅5 cm左右，每公顷播种量1 500～1 800 kg。

播种时，先按播种深度挖好沟、穴，如果作苗畦时未施基肥，可同时开沟施肥，沟深10 cm，施肥后覆土至播种深度，然后按播种技术要求播下茶籽，覆土并适当压紧。

(4)幼苗培育　无论是采用大田直播，还是苗圃地育苗，播种后都要精心培育幼苗，最终达到壮苗、齐苗和全苗的目标。主要应做好以下工作。

第一，及时除草，防止杂草与茶苗争夺肥水。

第二，多次追肥。在茶籽胚芽出土至第一次生长休止时，开始施用追肥。追肥一般在6—9月间追施4～6次，以施用稀薄人粪尿或畜液肥(加水5～10倍)，或用0.5%浓度的硫酸铵。浇施人粪尿后能使土壤“返潮”，吸收空气中湿气，可以抗旱保苗。

第三，及时防治病虫害，确保茶树正常生长。茶籽播种后，通常到5—6月开始出土，7月间齐苗。在华南和西南部分茶区以及经过催芽处理的茶籽，可以提前到4—5月间出土，5—6月间齐苗。只要经过精心培育，茶苗当年高度可达25 cm以上，最高能超过60 cm。

第二节　茶树的种植

一、茶行布置

依据不同地形的茶园而有区别,茶行布置要有利于实现机械化耕作管理和保持水土。

因此平地茶园要直线种植,缓坡茶园则采用横坡等高直线种植,并要求茶行有一定的长度。为避免出现断行、插行和闭合茶行,不必要完全等高。梯形茶园如果梯边不是直线,茶行可沿梯边弯曲布置。茶行与道路(步道和机耕地头道)要垂直或成一定的角度。

二、种植方式

茶树种植排列方式有多种,分为丛栽、单条栽、双行条栽、多条栽等。丛栽单产低,已被淘汰。单条栽为常规种植方式。双行条栽为中小叶种新茶园发展中主要推广的种植方式。多条栽成园快、产量高,但管理要求也高。

(一)丛栽

它是 20 世纪 50 年代以前采用的老式的单丛种植方式,行距、丛距 140 cm×140 cm,每丛 4 株茶树,如每公顷茶树仅有 5 000 丛,2 万株,故茶园树冠覆盖度小,单产低,20 世纪 70 年代后已逐渐被淘汰。

(二)单条栽

亦称“常规种植”,是中国茶区 20 世纪 50 年代以来发展新茶园的规范种植模式。行距丛距为 150 cm×33 cm,每丛植茶树 3 株,每公顷近 6 万株,单产高,稳产期长,鲜叶品质较好。近年也有将单条栽茶树的行距缩小到 130 cm,以弥补前期产量低树冠覆盖度不高及成园慢的缺点。

(三)双行条栽

双行条栽是在每条宽畦中种植两行,大行距为 150 cm,双行条式小行距与丛距为 33 cm×33 cm,每丛植茶 3 株。也有将大行距缩小到 130 cm 左右,小行距放宽至 50 cm 左右者,每公顷可种植 12 万株以上,比单条栽成园快,前期产量高,是新茶园发展中主要推广的种植方式。

(四)多条栽

亦称"密植速生""矮化密植"。在 150 cm 宽的茶行里种 3～5 条茶树。20 世纪由贵州省湄潭茶叶科学研究所推广。宽行距 80 cm,窄行距 20～30 cm,丛距 20 cm,每丛植茶 2～3 株,每公顷种植 18 万～30 万株。优点是成园快,3～5 年生茶树每公顷产量可达 1 500～3 750 kg 及以上。前期产量高,与免耕法相结合,田间管理用工省。但对土壤肥力、开垦质量、培育管理等技术条件要求高,夏季易旱,施肥、采摘等管理困难,茶树个体长势衰弱、不匀。

三、种植密度的确定

种植不可太稀,也不可太密,依地形和品种而有不同。斜坡和土壤瘠薄的茶园应较密,树势高大的品种适当稀一些。一般缓坡平地茶园单行条植,行距 1.5 m,丛(株)距 30 cm 左右;梯形茶园以单行条植为主,行距在 1.3～1.6 m 范围内,据梯面宽度而定,丛(株)距 25～35 cm;有些梯田茶园宽度不一,如果种一行太宽,种两行又太密,可采用双行条植。双行条植的丛(株)距均以 30～35 cm 为宜,每丛 2～3 株。

双行单株种植的小行距为 30～40 cm,株距 30 cm,定苗点呈"△",每米台面栽苗 6～7 株,每亩需苗 2 000～2 300 株。单行单株种植方式的株距为 15～20 cm,定苗点在种植沟中心线上,每米台面栽苗 5～6 株,每亩需苗 1 660～2 000 株(图 2-4)(注:面积均以 333 m 长台面为 1 亩计)。

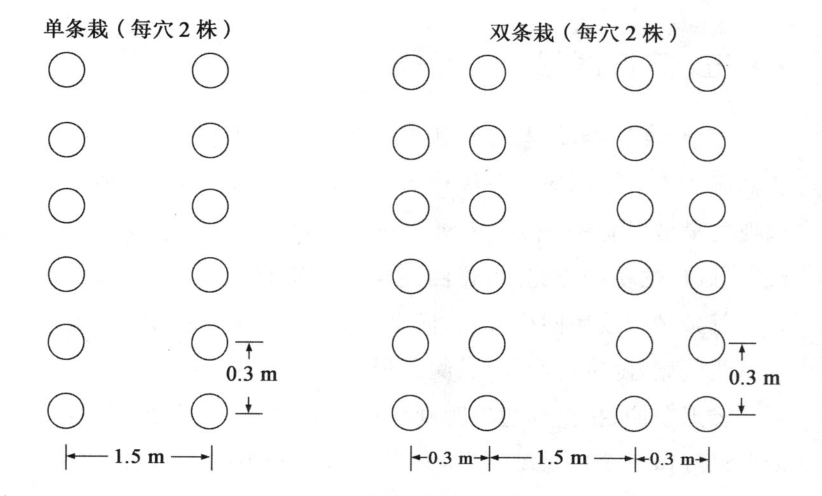

图 2-4　茶苗定植的规格

来源：姚美芹．茶树栽培技术[M]．昆明：云南大学出版社，2014.

四、种苗准备

新建茶园需多少种苗，要做到事先胸中有数，1 亩茶园需要种苗的数量，根据行丛（株）距和种苗质量而定，具体数量可按下列公式来计算：

每亩种子数（kg）＝667÷（行距×丛距）×每丛播种粒数 ÷ 每千克种子粒数（一般每千克以 1 000 粒计算）

每亩需茶苗数（株）＝667÷（行距×丛距）×每丛播种株数

根据上式计算出的数值与实际需要数有一定的差距，故在预备种苗时一般应按计算数增加 10％，作为苗损耗的补偿。按上述行株距，生产上一般直播每亩需准备茶籽 7.5 kg 左右；移栽每亩需茶苗 4 500 株左右。同时每建 100 亩新茶园还要相应建苗圃 1 亩，为以后茶园的补缺做准备。近几年在推广良种的过程中，一些地方采用营养钵扦插育苗，将插穗扦插在事先准备好的营养土制成的营养钵中，培育成营养钵苗。这种方法在移植时不损伤根系，成活率高，茶苗生产迅速，值得推广。

五、茶行画线

平地茶园一般是茶行与地形最长的一边平行，在最长的一边离园边 1 m 画出第一条线作为基线，以后依此类推；缓坡地茶园要在横坡最宽的地方，从两端找出等高点，拉一直线作为基线，以画出的基线为起点，将测绳与基线垂直，按行距要求做标记。每条种植线用同样方法，标出三个基点，画出种植线。也可从基线开始，随带行距标尺，测一行划一行。

梯形茶园，按离梯边等距画线。由于梯级一般都是弯曲的，因此最好做一个标尺划行器，画出茶行的种植线。梯田的最外边一行茶树离梯边的距离，视梯面宽度安排茶行数而确定，一般 1 m 左右为宜。

六、开沟施肥

在土壤全面深翻或带状深翻的基础上，按划好的茶行种植线开挖种植沟。种植沟的规格依直播和移栽茶园而有不同。直播茶园土壤深翻时，如果茶园中没有施放肥料，则开深 25～30 cm、宽 20 cm 的沟，施放基肥使土壤与肥料混合，再将土填到离地面 3～5 cm，以备播种。移栽茶园，没有施过肥料的应开深 30～40 cm、宽 20 cm 左右的沟，肥料较多，沟要开得深宽一些，施入肥料，土肥混合后，填土至离地面 15～20 cm。实生苗，主根长，埋土可深些；扦插苗，根较短，埋土可浅些。埋土深浅，以与“泥门”相平为度，一般来说，茶苗根颈处±10 cm 埋土。

茶籽播种和茶苗定植时施用的肥料，称为茶园的底肥。茶园施肥的主要作用是增加土壤有机质，改良土壤理化性质，促进土壤的熟化，底肥对茶树的快速成园具有重大意义。

据杭州茶叶试验场的测定，茶籽播种时施用底肥，改善了茶园土壤理化性质，从而促进了茶树生长，实验结果表明，四足龄的茶树产量，施底肥比不施底肥的提高 3.6 倍，为提早成园和实现高产、稳产奠定了良好的基础。因此施底肥对新垦茶园是一项十分重要的技术措施。由于红壤中缺乏有效磷，有的地方在施农家肥料作底肥的同时，配施一定数量的磷肥（一般每亩可用50 kg 过磷酸钙），能取得更好的效果。

七、茶籽直播

茶籽的播种期较长，茶籽采收以后，在冬、春两季都能播种。冬播虽然播种期早，但温度条件受限制。春茶茶籽事先要用砂藏、窖藏等方法进行处理，原则上与冬播没有什么区别。又因茶籽的生活力弱，贮藏时往往由于管理问题，水分丧失较快，因此春播比冬播一般出苗较迟，影响到成苗率。而春播茶籽通过浸种催芽，同时可以达到冬播茶籽的出苗率。茶籽用清水浸种时间一般为 2～3 d，在此间每天换水一次。经过浸种后的茶籽即可进一步加温催芽，先在木盘内铺 3 cm 细砂，砂上铺放 7～10 cm 厚的茶籽，茶籽上盖一层砂，砂土上再盖稻草或麦秸，喷水后置保温室中，室温维持在 30℃左右，每天注意换水和通气。催芽所需时间冬季为 20～25 d，春季为 15～20 d。当茶籽胚根露白时即可播种。茶籽的播种时间最迟应在翌年 3 月上旬前完成。处理好的茶籽在播种时，按丛（株）行距要求，在播种沟内均匀撒放，有些地方不开播种沟而采用直接挖穴的方式，造成播种过深，丛距偏稀，应该防止。盖土厚度，群众的经验是“一寸浅，寸半深，深了难出土，浅了易遭旱”。一般以 3～5 cm 为宜，在此范围内依地势和地质而有不同，平地浅些，坡地可厚些，砂土可稍深，黏土应浅些。盖土太厚，茶苗出土困难，成苗率低。茶籽播种后为防止雨水冲刷和人为践踏，常用稻草或其他作物秸秆覆盖，在出土前（4 月上旬）及时揭除。

八、茶苗移栽技术

田间圃地育成的茶苗，在冬季或早春（11 月至翌年 2 月）都

可以移栽。移栽时间早一些，有利于茶苗成活，但有的年份冬旱严重，大面积移栽浇水花工多，所以选在春初进行较好，这时温度低，雨水多，栽后浇水数量和次数都可减少。根据云南干湿季分明的气候特点，茶苗移栽应在5月下旬至8月上旬期间进行，其中以6月上旬至7月中旬为最好。此时降雨增多，土壤湿润，茶苗移栽后容易成活，而且栽下的茶苗当年有较长的生长期，到旱季时，茶苗在合理抚管条件下会有较大生长量，枝叶长势强，根系入土深，有利于度过第一个冬春干旱期。

茶苗的移栽先要开好沟，施下底肥，然后选择无风的阴天起苗定植。实生苗的主根太长，可以剪短一些。扦插苗在取苗前一天要浇湿圃地，以减少取苗时伤根率。从外地调运茶苗，要注意包装与通气，并浇水提高其成活率。茶苗移栽，每丛要用符合规格、生长基本一致的茶苗2～3株进行种植，不符合规格的茶苗，在苗圃地归并抚育，待翌年后取用。

有些地方将茶苗从圃地取出后，用黄泥浆蘸茶根，这样有利于提高茶苗的成活率。

移栽茶苗可选择在晴天早晨和傍晚、阴天、小雨天进行。淋雨栽苗不可取。单行种植在种植沟的中心线位置开出一条深度达15～20 cm的定植沟，沟土堆于外侧，栽苗人在内侧，手握茶苗根茎处沿定植沟内侧的沟壁使根系垂直伸展后，用适量开挖定植沟时挖出的湿润的细土覆盖在茶根上，轻轻压实，扶正对齐茶苗后再回土进一步固定茶苗，按确定的株距栽好一段茶行后，用锄头把堆于外侧的定植沟土耙回原位，整碎摊平并稍加压实。栽苗深度以扦插母穗上桩口与茶台面平齐为适度。双行单株的栽苗方法基本相同，不同之处是要开两条定植沟和使栽好的茶苗呈“△”排列，其他操作完全相同。这种栽苗方法叫“开沟贴壁展根栽苗法”，是目前最成功的栽苗方法。茶根在土中力求舒展，然后覆土踩紧，防止上紧下松，让泥土茶根密切结合。

非雨天定植茶苗须立即浇灌定根水。移栽后若连续晴天，一般隔3～5 d浇水一次，每次浇水要浇透，使根部土壤全部湿润，为节约用水，在种植最后覆土时，应使茶行两边盖土略高，使种植线形成凹形，这样有利于再次浇水时，水分集中，不致流失。

九、茶树幼苗期的管理技术要点

对于幼龄茶树，种植者在管理的时候更要细心和用心，因为新种的茶苗早期各个方面的抗逆性、吸收力都是有限的。新茶园种植后，一般茶苗生长幼弱，根系浅，抗旱力差，容易遭受旱害以致造成不同程度的缺株，影响茶园的整齐。因此在力争全苗的同时进行护苗，是新建茶园管理中最重要的工作。

（一）抗旱保苗

茶籽出土齐苗或移植后，在旱季到来之前，应抓紧时机进行浅耕培土。如果表土层干旱形成板结，这时就不宜进行浅耕松土，以免茶苗连土块一起拖起来，但可在茶苗周围 30 cm 左右培上一层细土以减少水分蒸发。对于杂草较多的茶园，要经常拔除，以免杂草争夺水肥，影响茶苗的正常生长。茶树在幼苗期抗逆性较弱，特别是在早春干旱环境下，对茶苗生长极为不利，轻者生长停滞，重者招致死亡，因此在干旱到来之前，最好进行茶园铺草覆盖，以减少土壤水分的蒸发，避免茶苗受旱。一般移栽茶园采用铺草防旱比未铺草覆盖的茶园茶苗成活率要提高20％以上。根据各地经验，茶园铺草要掌握在旱季之前，以早为宜。铺草范围可在茶树株两旁各 30 cm 左右，厚度 10 cm 左右，上压碎土。覆盖物可就地取材，山菁、麦秆、稻草等均可。茶园铺草不仅有保水作用，而且对防止杂草生长和水土流失，都有很好的效果。

茶苗在幼年阶段，喜湿耐阴的特性表现明显，因此在茶苗出土后用松枝、杉枝或秸秆等进行遮阳，扦插茶苗在西南方向避免阳光暴晒，对茶苗的生长是有利的。在干旱时期较长的情况下，采用上述防旱措施以外，茶树仍有凋萎现象时，必须采用人工补救。在定植齐苗之后干旱之前，距茶苗 15 cm 左右开浅沟，浇灌稀薄农家肥，随即覆盖，效果更好。

（二）补苗间苗

新建茶园不论是直播，还是移栽，一般均有不同程度的缺株，必须抓紧时间在建园后1～2年内将缺苗补齐。补苗要选择生长一致的同龄壮苗，每穴补植两株。补后浇透水分，在干旱季节还要注意保苗。

直播茶园由于品种复杂，种子质量不高，往往造成茶苗生长参差不齐或过多，所以要进行间苗。间苗时期宜在播种后第二年进行。两年生茶苗根系发达，间出的茶苗亦可作补缺用。间苗最好在2月中旬，选择雨后土壤湿润时进行，每穴留健苗2～3株。

（三）防止冻害

高山地区特别是北坡茶园，在低温条件下茶苗易遭受冻害，因此应采取茶苗防冻措施。各地的经验证明，增施基肥、培土壅根、铺草覆盖、茶园灌水、提早耕锄等，对预防冻害都有很好效果。一般大叶种在0℃以下，中叶种和小叶种在－10℃以下，茶苗就会出现冻害。对受冻茶苗要采取措施，使损失减少到最低程度，如冬季幼年茶树冠面枝叶冻伤时，应在开春气温稳定后将冻害受伤部分剪去，严重的如造成整株叶片发红、枝条干枯时，还要分别采取台刈或重修剪等方法挽救，使其重新恢复生机。

第三节　茶园的管理

一、优质茶园的建设

（一）园地的规划

建立新茶园，要因地制宜，做好园地规划。园地规划，不但要考虑当前，还应考虑长远；既要考虑茶树对环境条件的要求，又要考虑农、林、牧生产的整体布局，对各种作物和建筑物用地都要统一安排。因为茶园建成后，很难任意更改。所以在建园前，对本地的荒地要统一规划，合理布局。对园地要事先进行测量，绘制地形图或园地示意图，使新建茶园符合适用、经济、美观的原则。园地规划的主要内容如下。

1. 区块划分

根据地形情况和茶园面积，将全部园地划分为若干生产区，每个生产区又可将自然地形或地形有明显变化的地块，分别划为一片；每一片依茶园面积大小，再可划为若干块，以便于茶行布置、田间管理和茶叶采摘。

2. 道路设置

茶园道路系统，一般分主道、支道、步道及环园道四种。

主道：(干道)以便于拖拉机、汽车来往为原则。一般宽 5～6 m，贯穿于茶园各区之间，并与外界交通相连。面积较小的茶园，不必设主道，或只由场部接通外界交通就行了。

支道：按地形和茶园面积设置，可作茶园划区分片的界线，供手扶拖拉机及胶轮车行驶，宽 3～4 m。没有必要建立主道的地方，可用支道代替。

步道：为茶园分块的界线，一般与茶行垂直或成一定角度相接，便于入园进行田间管理和采茶。路宽 1.2～1.7 m。两条步道间的距离一般以 5～10 m 为宜。若接近 100 m，也可在每条茶行中段开 0.8～1.2 m 浅沟，以利于人员来往和排水之用。

环园道：设在茶园的边缘，为茶园与农田及外单位土地的分界。环园道可与主道、支道、步道结合，故路宽不完全一致。面积较大的茶园，如果考虑使用动力或畜力机具，为便于机具调头，茶行两头道路的宽度应根据机具长度设计。

茶园道路的设计和修建，还必须考虑两个原则：一是节约用地，尽量做到不占或少占肥沃土地，力求受益面大，弯路少；二是10°以上的坡地茶园步道，要筑成“S”形迂回而上。“S”形路坡以不超过 10°为宜。

新建茶园，道路过多过宽，切断茶行，浪费土地，影响茶园面貌；过少过窄，不便茶园管理和使用运输工具。

3. 蓄排水沟的建立

农民有"田作一丘水，土作一条圳"的经验，说明了茶园建立水沟系统的意义。茶园水沟系统以茶园的地势、土壤情况来决定。除部分低洼地应以排水为主要目的外，其余应以蓄水为主。合理的水沟系统，要求达到排除渍水、蓄水保墒、保持水土、引水抗旱，便于机耕和经济用地的目的。做到小雨、中雨雨水不出园，大雨、暴雨积砂走水不冲园。

水沟系统一般由截洪沟、隔离沟、横水沟、纵水沟组成。

截洪沟是为了防止茶园上方积雨面上的洪水流入茶园而设置。如果茶园上方已没有积雨面，则不必设置截洪沟。截洪沟根据地形按等高线或缓坡设置，沟内取出的泥土放在沟的下方，修成道路。沟的一端或两端要和纵水沟或园外的自然沟相通，以利排水。沟内每隔 3～5 m 留一土埂，土埂稍低于路面，拦蓄雨水泥砂。雨水太多时，由埂面流出，以减缓径流（图 2-5）。

图 2-5　茶园截洪沟与纵水沟

来源：邹彬. 优质茶叶生产新技术[M]. 石家庄：河北科学技术出版社，2013.

隔离沟设在环园道的内侧。山地茶园上方的截洪沟也为隔离沟。隔离沟一般宽 0.5～0.7 m，深 0.3～0.5 m。每隔一定距离挖积沙坑，减少泥沙冲出园外。隔离沟还有防止树根、竹根、杂草侵入茶园的作用。

横水沟。梯形茶园，每梯内侧开横水沟。为使蓄水分布均匀，长沙县高桥公社桥里、高山大队茶场的横水沟做成深、浅段相间的蓄水沟，沟宽 0.4～0.5 m，深度则深段与浅段不同。深段为 0.25～0.33 m，浅段为 0.12～0.15 m。先开 7～10 m 长的浅沟，再开 33 m 左右长的深沟，依此类推。在水沟两头出口处，都做成浅沟，以排出全沟蓄水后多余的水，避免水从茶园漫出，缓坡茶园，一般每隔 8～12 行茶树，设置一条横水沟。但要依地势决定，并注意在低洼处安排做成浅沟，避免积水。

纵水沟主要是为了排除多余的水或因地下水位高而产生的积水。开设在各片茶园之间或一片茶园中地形特低的集水线处和道路两旁，与截洪沟、横水沟、隔离沟相连接。沟深 0.3 m，宽 0.4～0.5 m，与横水沟连接的地方要设积沙坑。山地茶园纵水沟内还应设置小水坝，拦蓄雨水，减缓径流(图 2-5)。

地下水位高，要排除积水的水沟，有明沟、暗沟两种。明沟沟深要超过 1 m，暗沟则在 1 m 以下的土层中，按照自然地形，用石块或砖块砌成。有的地方在上述砌沟部位，铺上卵石或碎砖头，隔离地下水，达到排水良好的目的。

茶园水沟系统的设计，必须充分考虑到茶园灌溉的安排。有水利工程的地方，截洪沟和横水沟应与引水渠道相连，以利茶园用水。

4. 植树

茶园周围、主道两旁或支道一旁、房屋附近、地形复杂不便于植茶的小块土地都应植树。湖南省衡山县南岳茶场，分布在海拔 600～800 m，坡度 20°～40°，一般为 30°。在茶园上方、下方及两梯之间，均留了一定的范围不垦，称为“山顶戴帽子，山脚穿靴子，山腰捆带子”，对陡坡地种茶，巩固梯壁，保持水土起了

很好的作用。

茶园植树还有下述好处：①因地制宜，充分利用土地，提供茶叶生产上需要的木、竹、棕等材料；②美化茶园环境；③可以提高相对湿度，改善茶园局部小气候，也是工间休息的最好场所；冬季可以减弱寒流的侵袭，能起防护茶树的作用。

茶园种植的树种，可因地制宜，如杉树、棕树、檫树、苦楝、松树、油茶等；不便于植茶的小块土地，最好造竹林。植树要注意与茶园隔离。

5. 蓄水池与积肥坑

茶园上方要修建大型蓄水池，在茶园各个部位的适当地点，也要建立多个中型蓄水池，以保证抗旱保苗和防治茶树病虫害的供水，在有引水工程或提水工程的地方，可以减少蓄水池的体积。

在茶园内设置积肥坑是就地取材，就地积制，就地利用茶园内各种有机质杂肥的一个有效方法。积肥坑应利用土边三角地块建立。

(二)园地的开垦

园地开垦是清除园地中的障碍物，深翻熟化土壤，调整地形，给茶树生长创造良好的土壤环境。

在准备建园的荒地上，一般都有各种各样的障碍物，要在开垦前进行清理(在土地边缘或不宜植茶地块上的树木，应当留蓄)。遇有石灰块，也要搬掉，避免土壤带碱，影响茶树生长。

清理地面障碍物的同时，要进行道路的修筑。这样做，一方面便于垦植期间人员和机具来往，也可以减少道路部分土地深翻的工作量。

地面清理后，除准备以草皮砖筑梯的茶园外，一般都要先行初垦。茶园初垦的目的，主要是清理地下障碍，消灭杂草和熟化土壤。初垦的时间，最好在伏天。初垦深度要求至少有 0.2～

0.3 m。树蔸、暗石、竹根及丝茅根等危害性大的地下障碍物，都要认真清除。

有些茶园在局部地段，由于种种原因，形成了高低相差悬殊的凸地和凹地，需要从凸地取土填往凹地。取土时不要将凸地的表土一层层的全部填往凹地，以免人为地造成土壤肥力不匀，影响今后茶树生长的整齐度。为此，可先把凸地上的表土挖至一边，再开坑取土，避免凸地留下的全为底土。

园地深翻，植茶前深翻土地是茶园基建中的一项关键性措施。深翻能改善土壤结构，增强土壤通气、保水、保肥能力，促进土壤熟化，适应茶树生长的需要。因此种茶前，一定要把土地深翻好，否则，在种植之后，茶蔸底下的土层就很难再行深翻，严重阻碍着根系的发展。

缓坡茶园，在土壤初垦之后，应进行复垦深翻。面积大，时间仓促，全面深翻有困难时，可以采用带状深翻的方式，以后再分年深翻行间来解决这一矛盾。

带状深翻，按规划的种植行进行，要求深宽各 0.5 m。具体做法是：在种植行的一端，按规格先挖出一段长 1.5～2 m 的沟，然后将前方 1.5～2 m 长度面积上的表土挖入沟内，把所准备的肥料与土壤拌匀放入第二层，最后将前段底土填在沟的上层而挖出第二段沟，循此前进。这样做的好处是：①能保证深翻的质量要求；②表土在沟的下部，肥料能均匀地分布在种植沟的中下层，促进根系向下发展；③底土翻到上面，有利于土壤熟化、茶苗出土和减少杂草。

有些园地，毛竹根、丝茅根特别多，初垦时全部清除有困难，应进行一次全面复垦深翻。

梯形茶园由于靠梯外边缘部分，填土都在 0.5 m 以上，因此，只需对梯土内侧深度不够 0.5 m 的部位进行深翻。一般窄梯应深翻的部分要全面进行，宽梯同样可采用带状深翻。

（三）筑梯的技术

在陡坡山地开辟茶园，修筑梯田是做好水土保持的基本措施，也有利于田间管理。为了实现茶园灌溉，修筑梯田更为必要。

1. 梯田的规格

根据山地坡度大小而有区别。从各地经验看，凡山地坡度在20°以上，宜开成窄梯，保证梯面宽度超过1.7 m，20°以内应开成宽梯，保证每梯至少按规格种茶两行以上。梯壁高度控制在1～1.8 m的范围内比较好。梯壁斜度一般以60°左右为宜。而用石块砌成的梯壁坡度就可大些，以增加土地利用率。

修建梯田，要求做到：梯层等高，环山水平；大弯随势，小弯取直；外高内低，外埂内沟；梯梯接路，沟沟相通。

2. 筑梯的步骤

在修筑梯田之前，要先了解山地坡度和测定等高线。测坡度和等高线的工具很多，可因地制宜选用。

(1)测定坡度　牵引上述三角规，将木棍垂直固定在欲测坡度地段的上下两点，待三角规上悬挂的小锤静止后，查看悬挂小锤的线与三角规腰上所画度线的重合位置，读出度数，即为这一地段的坡度。

测定山地茶园“S”路的路面坡度方法：在选好线路走向的基础上，用一端的木棍固定一点，按线路方向，将绳拉直，移动另一端木棍，至三角规悬挂的铅锤在设计路面坡度的范围(登山步道一般以10°左右为宜)内摆动为止。插上标桩，则为该段线路。如果线路长，可在线路中段测定，再在两端延长，按此方法，测定各段路坡，连接成线，即为全线路的路基。

(2)测定等高线　测定梯田等高线，一般可以从山坡上部开始。地形不完整，局部地形比较复杂，或者上下坡有明显不同的坡度，测定第一条线就应从这种界线开始，分别向上向下测线，可以减少筑梯用工。

测定等高线的方法，是利用前面介绍的工具。先将一根木棍固定于一点，拉直长绳，另一根木棍，向坡的上下移动，校准到三角规上悬挂小锤的线与零度重合为止，在木棍固定后的地点上插上标桩，循此水平方向前进，继续测点，将各等高点连接，即为一条等高线。

梯级等高线测定后，要根据“大弯随势，小弯取直”的原则，对少数标桩进行调整，有利于茶行安排，合理利用土地。

(3)选定梯线距离　梯线距离是指两条等高线之间的距离。

选择梯线距离，首先要测出两条梯线间的最大坡度。根据这个坡度，决定最小梯面的要求，并选定达到这个梯宽的梯线距离，作为测定第二条等高线的起点。如果最大坡度不是在两条梯线的两端，而是在两条梯线的中间地段，为减少来往路程，也可以根据最大坡度的要求，选定一端较小坡度的斜距，作为起点。

在坡度变化较大的地段测线，有时碰到上下两线段几乎重合。出现这种情况，主要原因是两条梯线间选定的最大坡度不准确。

(4)筑梯方法　梯级等高线调整后，开始筑梯。筑梯壁应就地取材，用泥土草皮砖或石块砌成。

3. 梯田的护理

梯田护理的目的，主要是防止梯壁的崩垮和减轻梯壁的自然侵蚀。为此，除了在修筑梯田时注意质量外，修好后要注意：①及时清理水沟系统，防止淤塞；②发现崩垮现象，及时整修；③种植护梯植物；④保护梯壁上原生的植物。除了毛竹、丝茅等危害性大的植物要清除之外，一般植物只能适当刈砍，避免用锄头铲修梯壁。

二、茶树设施栽培

作为露地栽培的特殊形式，茶树设施栽培主要是利用塑料大棚、温室或其他设施，改造或创造局部范围内光照、温度、湿度、二氧化碳、氧气和土壤等茶树生长的环境气象条件，对茶叶

生产目标进行人工调节。

塑料大棚栽培和日光温室栽培是茶树设施栽培的两种主要形式，二者的共同点在于都是利用塑料薄膜的温室效应，提高气温与土壤温度，增加有效积温。由于采茶期提早，茶叶价格升高，经济效益显著。其主要区别是日光温室有保温效果显著的后墙（北面），而塑料大棚没有，所以日光温室冬季保温性能显著优于普通塑料大棚，适于冬季寒冷的北方茶区，特别是山东省，当地农民习惯将日光温室称为冬暖大棚。而塑料大棚栽培茶树在我国南北各产茶省普遍应用，另外，塑料大棚和温室还可以减轻冬季霜冻和春季"倒春寒"的危害。

（一）塑料大棚

将塑料大棚搭建在茶园中的目的是为了增温、保温、控温，取得早生产、高效益的效果。塑料大棚搭建后，茶园的环境发生了变化。因此，必须充分了解塑料大棚的园地选择、环境调控、大棚措施运用等知识，科学改变相应的生产措施。

1. 塑料大棚茶园的选择与建造

茶园塑料大棚的搭建，需要选择适宜的园地，具体条件包括：茶园地势平坦或南低北高，向阳避风，靠近水源，排灌方便，土地肥沃，种植规范；茶树长势应旺盛，树冠覆盖度大，最好是产量高、发芽早、芽密度高、品质好、适制名优绿茶的良种茶园，如浙农 139、浙农 117、龙井 43、福鼎大白茶、乌牛早、迎霜和白毫早等。

塑料大棚对棚膜的要求是：透光性好，不易老化，可以最大限度利用冬季阳光。目前北方大棚茶园的覆盖材料大多是 0.05～0.1 mm 无滴 PVC 塑料薄膜，棚内地面覆盖 0.004 mm 地膜，以草苫为夜间保温材料。大棚支架主要由立柱（木桩或水泥柱）和拱架（竹竿、木条和铁丝等）两部分组成。

大棚搭建时间须综合考虑，以既能提早茶叶开采，又不影响茶叶产量和品质为原则。一般情况下，北方茶区 10 月下旬建造大棚，浙江杭州地区则于12月底至翌年1月上旬搭棚盖膜。

简易竹木结构和钢架结构是塑料大棚比较实用的两种类型。竹木结构大棚的优点是取材方便，造价低廉，使用寿命一般为3年，是目前大棚的主要形式；缺点是立柱多，遮光严重，柱脚易腐烂，抗风雪能力差。钢架结构大棚无立柱，透光好，作业方便，使用寿命长，通常可用10年左右，但建造成本较高。

为充分利用冬季阳光，塑料大棚的方向以坐北朝南或朝南偏东5°为好。以长30～50 m，宽8～15 m，高2.2～2.8 m为宜。由于棚越高承受风的荷载越大，越易损坏，因此大棚最高不应超过3 m，棚与棚之间还要保持适当的距离。

2. 大棚茶园的环境条件调控

大棚内温度最好控制在15～25℃，最低不低于8℃，最高不要超过30℃。寒冷的阴雨天或大风天气，要格外注意温度变化。夜间温度迅速下降时，也应注意保温。

例如，江北茶区夜间应加盖草苫，保证夜间最低温度不低于8℃，必要时可进行人工加温。土壤相对含水量在70%～80%时，最有利于茶树的生长，当土壤相对含水量达到90%以上时，透气性差，不利于茶树的生长。在实际生产中，可通过地面覆盖、通风排湿、温度调控等措施，将空气湿度调控在最佳范围（白天为65%～75%，夜间为80%左右）内。如发现湿度不够，要及时喷水增湿。保温与通风散热是冬季大棚茶园管理的主要环节。塑料大棚要牢固、密封，以防冷空气侵入。要经常对大棚进行检修，发现棚顶有积水和积雪时应及时清除，并及时用粘胶带修补破损棚膜。要及时做好通风散热工作，晴天可在上午10时前后开启通风道，下午3时左右关闭，控制棚内温度在适宜范围内。

如果光照强度不足，很容易使大棚内的茶树受到影响，特别是简易竹木结构大棚内由于立柱和拱架的遮挡，以及塑料薄膜的反射、吸收和折射等作用，棚内光强只是棚外自然光强的50%左右，对茶树叶片的光合效率有很大影响。为达到高产优

质的生产目标，必须提高光照强度。除了选择向阳的茶园和使用透光、耐老化、防污染的透明塑料薄膜外，晚上盖草苫时，白天应及时揭开草苫；薄膜要保持清洁，以利透光。可将反光幕安装在棚室后部，尽量增加光照强度。改善冬季大棚光照条件还可以采用人工补光的办法，可以在晴天早晚或阴雨天用农用高压汞灯照射茶园。

3. 大棚茶园的施肥

有机肥是大棚茶园的主要基肥，包括茶树专用生物活性有机肥、厩肥和饼肥等。每公顷施用“百禾福”生物活性有机肥和饼肥各 1 500～2250 kg，或厩肥 30t 以上，结合深翻于 9—10 月开沟施入，沟深 20 cm 左右。施用化学肥料要严格按照无公害茶、绿色食品茶和有机茶施肥的规范操作。无公害茶和 A 级绿色食品茶主要以氮素化肥作为追肥，如尿素、硫酸铵、“中茶 1 号”茶树专用肥等，若混合施用速效氮肥和茶树专用肥，效果更好。用量按照公顷产 1 500 kg 干茶施纯氮 120～150 kg 计算，分 2～3 次施入，其中催芽肥占 50%，催芽肥一般在茶芽萌动前 15 d 左右开沟施入，沟深 10 cm 左右。

塑料大棚常处于密闭状态，二氧化碳的来源受到很大限制。夜间由于茶树的呼吸作用、土壤微生物分解有机物释放出二氧化碳，大棚空气中二氧化碳浓度很高，但日出后，随着茶树光合作用的增强，棚内二氧化碳浓度显著降低，假如晴天通风不畅，二氧化碳浓度甚至可降到 100 mg/L 以下，影响茶树光合作用的正常进行。因此，适时补充二氧化碳非常必要。在大棚茶园施用二氧化碳气肥，可促进茶树的光合作用，提高产量和品质。目前常用的方法有两种：一种是通过降压阀，将钢瓶中高压液态二氧化碳灌入 0.5 m^3 的塑料袋中，灌满后扎紧袋口，在晴天上午 9 时放在茶行中间，下午 4 时收回。另一种是用碳酸氢铵和稀硫酸混合产生二氧化碳，在上午 9—11 时施用。碳酸氢铵用量在 3～5g/m^2 时，大棚内二氧化碳浓度可升至 1 000 mg/L。这两种方法都简便易行，可使大棚茶园内二氧化碳浓度提高

2 倍以上，茶叶产量增加 20%左右，香气和滋味得到改善。需要注意的是，二氧化碳气肥最好不要在阴天或雨雪天施用，而应该在晴天上午光照充足时施用。另外，通风换气和多施有机肥也是提高大棚二氧化碳浓度的有效途径。

4. 大棚茶园的灌溉与修剪

大棚搭建前结合深耕施肥，进行一次灌溉，给将要搭棚茶园供足水分，并在茶行间铺 10～15 cm 厚的各种杂草和作物秸秆，草面适当压土，第二年秋季翻埋入土。既可以减少土壤水分蒸发，增温保湿，又能够改良土壤结构，提高土壤肥力。

塑料大棚是一个近似封闭的小环境，主要靠人工灌溉补充土壤水分。由于土壤蒸发和茶树蒸腾产生的水汽，在气温较高时常会在塑料薄膜表面凝结成水珠，返落到茶园内，因此地表至 10 cm 深的土层的含水量较高且变化稳定。通常相对含水量可达 80%以上，但在 30 cm 左右土层则容易干旱，尤其是在气温升高到 20℃以上，又经常开门通风的情况下，棚内水汽大量散失，如果持续几天不灌水，土壤相对含水量很快会降到 70%以下。因此，棚内气温在 15℃左右时，应每隔 5～8 d 灌水 20 mm 左右，气温在 20℃以上时，应每隔 3 d 灌水 15 mm 左右。灌溉的最好时间是阴天过后的晴天上午，可以利用中午的高温使地温迅速上升。灌水后要进行通风换气，以降低棚内空气湿度。灌溉的方式可根据条件进行沟灌、喷灌、滴管，用低压小喷头喷灌或滴灌进行灌溉效果较好，不仅省水、省工、效率高，而且容易控制灌水量容易。

由于冬季气温较低，北方茶区灌溉后大棚内气温和土温很难回升，因此应尽量减少大棚灌溉的次数。最好在建棚前几天，对茶园灌一遍透水，然后在大棚建好 30 d 和第一轮棚茶结束后，再分别灌一次水。为避免大水漫灌，可采用喷灌或人工喷雾器进行给水。

塑料大棚茶园多是树龄较小或前几年间受过较重程度的修剪改造、生长势较旺的茶园，为使茶芽早发，建棚后春茶前不进

行冠面的修剪，而仅在秋茶后进行茶行间的边缘修建，或轻度的树冠面平整，以保持茶行间良好的通风透光条件。树冠面的轻修剪及其他程度较重的茶树修剪改造措施应在春茶后进行。

5. 大棚茶园的采摘与揭膜

大棚茶叶的采摘原则是早采、嫩采，通常当蓬面上有5%～10%的新梢达到1芽1叶初展时即可开采，采摘原则为“及时、分批、多采高档茶”。春茶前期留鱼叶采，春茶后期及夏茶留一叶采，秋茶前期适当留叶采，后期留鱼叶采，并适当提早封园，保持茶树叶面积指数在3～4，保证冬春季有充足的光合面积，为来年春茶的优质高产创造前提条件。

随着气温升高，没有寒潮和低温危害时可以揭开棚膜。在揭膜前一个周，每天早晨应将通风口开启，傍晚时关闭，连续6～7 d，使棚内茶树逐渐适应棚外自然环境，最后完全揭除薄膜。

需要提醒的一点是，在茶园搭建塑料大棚茶园，茶树正常的休眠与生长平衡被人为打破，对茶树自身的养分积累和生长发育不利。

为充分提高茶园的经济效益，连续搭建大棚的茶园最好在2～3年后最好停止1年，以利于茶树恢复生机。

（二）日光温室

1. 日光温室茶园的选择与建造

日光温室应建在背风向阳、水源充足、交通便利、土壤肥沃的缓坡地，最好是发芽早、产量高、品质优、适制名优绿茶的壮年良种茶园。茶园茶树要求树冠覆盖度在85%以上、生长健壮、长势旺盛。

日光温室棚室为琴弦式结构，长30～50 m，跨度8～10 m。东、西、北三面建墙，墙体厚0.6～0.8 m，脊高2.8～3.0 m，后墙高1.8～2.0 m，棚室最南端高0.8～1.0 m。后屋面角应不小于45°，厚度在0.4 m以上，以利于冬天阳光直射到后墙和后屋面的里面。覆盖物料要求选择厚度在 0.08 mm 以上的聚氯乙烯无滴膜和厚度为 4.0 cm 以上、宽度为 1.2 m 左右的草苫。

2. 日光温室茶园水肥管理技术

为保证茶树的正常生长和新茶在元旦节前上市，应在“立冬”前后扣棚，“小雪”前后覆盖草苫。为改善土壤通气透水状况，应在每年“白露”前后对茶园进行一次深度为 20 cm 左右的深耕，要求整细整平，以促进根系生长。为减少地面水分蒸发和提高低温，可在生产期间适时进行 5～7 cm 的中耕。

“白露”前后，应结合茶园深耕开沟施入基肥。施肥深度约为 20 cm，一般每公顷施农家肥 45～75 t，三元复合肥 450～600 kg，或施饼肥 2 250～4 500 kg，三元复合肥 450～600 kg，有机茶园不宜使用化肥。一般施 2 次追肥，分别在扣棚后和第一轮大棚茶结束时开沟施入，沟深为 10～15 cm，施肥后及时盖土。无公害茶园和绿色食品茶园每公顷施三元复合肥第一次为 450～600 kg，第二次为 300～450 kg。

扣棚前 5～7 d，应对茶园灌一遍透水，一般使土壤湿润层深度达 30 cm 左右，以满足茶树对水分的需要。扣棚期间以增温保湿为主，应尽量减少浇水次数和浇水量，通常只需浇 2 次水，第一次在扣棚后 30 d 左右进行，第二次在第一轮大棚茶结束时进行。浇水时间以晴天上午 10 时左右进行较好，宜采用蓬面喷水方法，不能用大水漫灌。阴天、雪天则不宜浇水。

3. 日光温室茶园环境条件调控

白天室温应保持在 20～28℃，夜间不低于 10℃。中午室温超过 30℃时，应进行通风，当室温降至 24℃时关闭通风口。白天空气相对湿度的适宜范围为 65%～75%，夜间为 80%～90%。在生产上，可通过地面覆盖、通风排湿、温度调控等措施，尽可能地将室内的空气湿度控制在最佳指标范围内。

为增加光照强度和时间，应该保持覆盖膜面清洁，并在白天揭开草苫，还可以采取在棚室后部张挂反光幕等措施。为

提高茶叶产量和品质，温室宜增施二氧化碳气肥，以促进光合作用。

晴日阳光照到棚面时，应及时揭开草苫。上午揭草苫的适宜时间，以揭开草苫后温室内气温无明显下降为准，下午当室温降至 20℃左右时盖苫。雨天应揭开草苫。雪天若揭开草苫，室温会明显下降，因而只能在中午短时间揭开。连续阴天时，可在午前揭苫，午后盖上。棚面若有积雪应及时清除。

4. 日光温室茶园病虫害防治与修剪

夏、秋茶期间，应及时防治茶树叶部病害和螨类、蚧类、黑刺粉虱、小绿叶蝉等害虫。为防治小绿叶蝉和黑刺粉虱等的危害，扣棚前 5～7 d，应分别按照无公害茶、绿色食品茶和有机茶农药使用规程要求对茶园治虫一次，扣棚期间一般不再用药。如果病虫害严重，必须在严格控制施药量与安全间隔期的情况下，用有针对性的高效、低毒、低残留的药剂。秋茶结束后至扣棚前，禁止用石硫合剂。

扣棚前，应对茶树进行一次 35 cm 左右的轻修剪。为方便田间作业和通风透光，对覆盖度大的茶园应进行边缘修剪，保持茶行间隙在 15～20 cm。

5. 采收与揭膜

日光温室茶园多以生产名优绿茶为主，应根据加工原料的要求，按照标准及时、分批采摘。人工采茶应采用提手采手法，以保持鲜叶完整、新鲜、匀净，并盛装在采用清洁、通风性良好的竹编茶篓里。采下的鲜叶要及时出售和运抵茶厂加工，防止鲜叶受冻和变质。揭膜时间为 4 月中下旬，在揭膜前的 7～10 d 应每天早晨将通风口开启，傍晚关闭，使茶树逐渐适应自然环境，然后转入露天管理和生产。

三、茶园土壤管理技术

茶树生长所必需的水分、营养元素等物质都是通过土壤进入茶树体内。可以说，土壤是茶树生长的根本，也是茶树优质、高产、高效的基本条件。因此，土壤的性质直接影响到茶树生育、产量和品质。一切与茶园土壤有关的栽培活动都属于茶园土壤管理工作的内容，包括茶园耕作、茶园土壤肥力培育与维护等方面。茶园土壤管理的好坏，直接影响茶树的生育，进而影响茶园产量、茶叶品质、经济效益、生态和生产的可持续性。

（一）茶园耕作

合理的茶园耕作可以疏松茶园表土板结层，协调土壤水、肥、气、热状况，翻埋肥料和有机质，熟化土壤增厚耕作层，提高土壤保肥和供肥能力，同时还可以减少病虫害，消除杂草。不合理的耕作，容易破坏土壤结构，引起水土流失，加速土壤有机质分解消耗，并会损伤茶树根系，降低茶叶产量。因此，茶园耕作需要根据茶园特点合理进行，并密切结合施肥、灌溉等栽培措施，扬长避短，以充分提高土壤肥力，增进茶叶产量和品质。

根据茶园耕作的时间、目的、要求不同，可以分为生产季节的耕作和非生产季节的耕作。

1. 生产季节的耕作——中耕与浅锄

在生产季节，茶树地上部分的生长发育十分旺盛，芽叶不断分化，新梢不断生育和采摘，需要地下部分不断地供应大量水分和养分。这一时期往往也是茶园中杂草生长茂盛的季节，也要消耗大量的水分和养分。同时，生产季节是土壤蒸发和植物蒸腾失水量最多的季节。不但如此，由于降雨和人们在茶园中不断采摘等管理措施，生产季节很容易造成茶园表层板结，土壤结构被破坏，不利于茶树的生长发育。因此，在茶园管理中常采取不断耕作的措施，达到及时除草、疏松土壤、增加土壤通透性、减少土壤中养分和水分的消耗、提高土壤保蓄水分能力的目的。为避免损伤吸收根，生产季节的耕作以中耕（15 cm 以内）或浅锄（2～5 cm）为合适。根据杂草发生的多少和土壤板结程度、降雨等情况决定耕作的次数。专业性茶园通常应进行 3～5 次，其

中春茶前的中耕、春茶后及夏茶后的浅锄这三次是必不可少的，并最好结合施肥进行。

(1)春茶前中耕　春茶前进行中耕，可以显著提高春茶产量。

茶园经过几个月的雨雪，土壤已经板结，而这时土壤温度较低，此时耕作既可除去早春杂草，又可疏松土壤。耕作后土壤疏松，表土易于干燥，加速土壤温度回升，可以促进春茶提早萌发。长江中下游地区进行此次中耕的时间通常是 3 月(惊蛰至清明)，以该地区为分界点，向南的茶区时间应提前，向北的茶区时间可推后。

由于地形、地势以及品种等不同，同一地区的中耕时间可适当调整。中耕的深度一般为 10～15 cm，不能太深，否则容易造成根系损伤，不利于春季根系的吸收。这次中耕结合施催芽肥，同时要扒开秋冬季在茶树根茎部防冻时所培高的土壤，并结合清理排水沟等措施对行间地面进行平整。

(2)春茶后的浅锄　这次浅锄应在春茶采摘结束后立即进行。

长江中下游茶区多在 5 月中下旬。此时气温较高，降水量丰富，正是夏季开花植被旺盛萌发的时期，加上春茶采摘期间土壤被踩板结，雨水难以渗透，因此必须及时浅锄。根据土壤板结程度和杂草根系深度，深度一般为 10 cm 左右。因为这次浅锄是以除去杂草、切断毛细管、保蓄水分为目的，所以不能太深，只宜浅锄。

(3)夏茶后的浅锄　这次浅锄应在夏茶结束后立即进行。有的地区是在三茶期间进行，时间在 7 月中旬。夏季天气炎热，杂草生长旺盛，土壤水分蒸发量大，并且气候比较干旱，此时及时进行深度在 7～8 cm 的浅锄，可以切断毛细管，减少水分蒸发，消灭杂草。此次耕作要特别注意当时的天气状况，不宜在持续高温干旱天进行。

由于茶树生长季节较长，因此除上述三次耕锄之外，还应根据杂草发生情况增加 1～2 次浅锄，特别是气温较高的 8—9 月间，杂草开花结籽多，务必要抢在秋季植被开花之前，彻底消除，减少第二年杂草发生。幼年茶园由于茶树覆盖度小，行间空隙较大，更容易滋生杂草，而且茶苗也容易受到杂草的侵害，因此耕锄的次数应多于成年茶园，否则容易形成草荒，影响茶苗生长。

2. 非生产季节的耕作——深耕

在秋季茶叶采摘结束后，进行的一次深度为 15 cm 以上的深耕，是茶叶增产的重要措施。此时天气炎热，气温高，杂草肥嫩，深耕时将杂草埋入土中很快会腐烂，使土壤有机质增加。而且此时茶树断根的愈合发根力强，可明显增加下一年春、夏茶的产量。

(1)深耕的时期　不同深耕时期对各季产量的影响结果表明，增产效果最好的是秋耕，其次是伏耕和春耕，冬耕效果最差。我国大部分茶区通常选择 9 月下旬或 10 月上旬，并以早耕为好；对于较北的茶区，深耕时间可相应提早；而海南等南方茶区，则可在 12 月进行深耕。

(2)深耕的深度和方法　由于深耕对茶树根系的损伤较大，因此应根据茶树根系分布的情况进行。

幼年期茶园因为在种植前已经有过深垦，所以行间深耕通常只是结合施基肥时挖基肥沟，基肥沟深度在 30 cm 左右，种茶后第一年基肥沟部位应距离茶树 20～30 cm，之后随着茶树的长大，逐渐加大基肥沟部位和茶树的距离。

成年期茶园由于整个行间都有茶树根系分布，如果行间耕作过深、耕幅过宽，就会使茶树根系受到较多损伤，因此成年茶园一般深耕深度不超过 30 cm，宽度不超过 50 cm，近根基处应逐渐浅耕 10～15 cm。

衰老茶园的深耕应结合树冠更新进行，最好不超过 50 cm，并结合施用一定量的有机肥。

行株距大、根系分布比较稀疏的丛栽茶园，深耕的深度可达

25～30 cm，同时要掌握丛边浅、行间深的原则；行间根系分布多的条栽茶园，深耕的深度应浅些，通常控制在 15～25 cm；而多行条栽密植茶园，根系几乎布满整个茶园行间，为了减轻对根系的伤害，一般隔 1～2 年深耕一次，深度为 10～15 cm，并结合施基肥。

（二）茶园土壤肥力培育与维护

土壤是茶树生存的基础，茶园土壤管理的一切措施都是为了茶园土壤肥力的培育与维护。提高茶园土壤肥力的主要措施有：茶园间作、茶园地面覆盖和茶园土壤改良等。

优质高产茶园土壤肥力的指标如下。

①物理指标。土层深厚（1 m 以上），剖面构型合理，沙壤质地，土体疏松，通透性良好，持水保水能力强，渗水性能好等。

②化学指标。土壤呈酸性，含有丰富有机质和营养成分，养分含量多而平衡，保肥能力强，有良好的缓冲性等。

③生物学指标。生物活性强，土壤呼吸强度和土壤纤维分解强度强，土壤酶促反应活跃，微生物数量多，含有大量土壤自生固氮菌、钾细菌、磷细菌，土壤蚯蚓数量多，有益微生物对茶树病原体有较强抑制作用等。

④土壤有害重金属含量指标。根据农业部颁布的 NY 5020—2001《无公害食品茶叶产地环境条件》规定茶园土壤中 6 种有害重金属含量，这是无公害茶园中土壤环境质量标准。

各项指标中，茶园土壤环境质量标准是强制性的指标，即有害重金属含量必须达到规定标准的要求，而物理、化学和生物学指标都是参考性指标。在优质高产茶园土壤管理过程中，要随时对土壤理化性质和生物学特征进行定期监测，根据监测结果调整土壤管理技术，不断提高土壤各项肥力指标，从而使茶叶品质不断改善，产量不断增加，生产效益不断提高，达到可持续发展的目标。

1. 茶园间作

茶树具有耐阴、喜温、喜湿、喜漫射光和喜酸性土壤的生物学特性，这是茶园间作的基础。旧时茶园多为丛栽稀植，行株距大、空隙多，逐渐形成了茶园间作的特点。茶园合理间作，不但可以增加茶园经济效益，而且能够提高土壤资源利用率，改良茶园土壤、增加土壤肥力、改善茶园的生物种群，从而改善茶园生态环境，促进茶树良好的生长发育，实现可持续农业发展的需要，在生产上，茶园间作的种类非常丰富。适宜在幼龄茶园和改造后茶园中间作的主要种类有：绿豆、赤豆、田菁、紫云英、苜蓿、白三叶草、大叶猪屎草等豆科植物，苏丹草、墨西哥玉米、美洲狼尾草和美国饲用甜高粱等高光效牧草。在成龄茶园中，间作物以果树为主，如梨、板栗、桃、青梅、葡萄、李、柿、樱桃、大枣等；还可以间作杉木、乌桕、相思树、合欢树、橡胶、泡桐、银杏、桑等经济树种。因此考虑间作物品种时应掌握以下原则：间作物不能与茶树急剧争夺水分、养分。能在土壤中积累较多的营养物质，并对形成土壤团粒结构有利，能更好地抑制茶园杂草生长。

间作物不与茶树发生共同的病虫害。例如，芝麻、蓖麻等吸肥力大和高大作物，不太适合间作。禾本科的谷物因为根系强大，肥、水能力强，不宜作间作物。种植需要起垄的甘薯，会严重损害茶树根系，也不应在茶园中间作。

常规种植的茶园，1～2 年生茶树可间作豆科作物、高光效牧草等品种；3～4 年生茶树由于根系和树冠分布较广，行间中央空隙较小，仅可间作一行，因此不宜种高秆作物；成年茶园间作主要以果树和经济林为主。

2. 茶园地面覆盖

茶园地面覆盖可以起到良好的保水、保肥、保土作用，并且有冬暖夏凉以及抑制杂草丛生等功效。地面覆盖分生物覆盖和人工覆盖两种。

（1）生物覆盖　它是利用生草（物）栽培，即对某种作物不进行任何方法的中耕除草，而使园地全面长草或种草，并在其生长期间刈割数次，铺盖行间和作物根部，或者将刈割的草做成堆肥、厩肥，也可作为饲料开展园区放牧。生物覆盖是我国一项传

统栽培技术措施，历史悠久，已被世界各国广泛应用。茶园生物覆盖可以防止水土冲刷，调节土壤温度，保蓄土壤水分，提高土壤肥力，促进根系分布，还可以节约劳动力。

幼龄茶园最为适合生草栽培，尤其是新开辟的茶园，可以有计划地选择两三种适应性较强的草种搭配种植。常用的草种，豆科植物有白三叶草、红三叶草、苜蓿、圆叶决明、羽叶决明、黄花羽扇豆、新昌苕子等；禾本科植物有平托花生、百喜草、梯牧草、菰草等。由于草种在各地具有不同的适应性，因此，目前各地使用的草种并不相同。

(2)人工覆盖　人工覆盖的方式有铺草、铺泥炭及覆地膜等，其中以铺草最为常用，综合效应最好，也是茶区传统的高效栽培技术之一，特点是简单易行、功效显著，且不受气候、地域限制，对保持水分、提高土壤肥力、调节土壤温度等具有良好的作用。然而在草源缺乏的地区，采用铺草技术有一定困难，对此，可用其他材料来代替，包括用各种地膜。茶园采用地膜覆盖，同样可以调节土壤温度，促进春季茶芽早发，预防冬季寒冻灾害，提高旱季保水抗旱能力。同时，还能防除杂草，防止雨滴直接打击地面，避免土壤侵蚀和养分的淋失等。

3. 改良土壤有机质贫化

土壤有机质含量是土壤肥力的重要标志，是制约茶园茶叶质量、产量、效益的主要因素。有机质含量较低的茶园土壤，可从以下几个方面进行改良。

(1)增施有机肥　茶园大量增施有机肥，可以为茶园提供外源有机质，施用数量和土壤有机质提高速度成正比。新垦幼龄茶园结合深耕施足底肥，对改善茶园开垦时的有机质积累和消解平衡关系有特别重要的意义。其效果可以持续很多年，对以后茶园有机质的自身积累也有积极的影响。如果施一些纤维素含量高的有机肥，则效果更好。

(2)土壤覆盖，防止表土冲刷　茶园土壤有机质含量的剖面特征是表土层＞心土层＞底土层，以表土层的含量最高。保持深厚的耕作层对提高茶园全土层有机质含量十分重要。新垦的幼龄茶园由于茶树覆盖度小，土壤裸露，表土冲刷严重，造成大量的有机质损失。因此，必须采取有效的措施对冲刷严重的茶园进行土壤覆盖，例如生草覆盖，一方面能够保住表土和有机质，另一方面生草腐烂后也可以增加土壤有机质，促进土壤有机质的积累。

(3)平衡施肥　在正常的管理下，茶树成龄后，随着茶树生长和凋落物的增加，土壤有机质的含量逐步提高。茶树生长越好，叶层越厚，凋落物越多，土壤有机质的积累越快。而茶树生长状况在一定程度上又取决于土壤矿质营养水平和平衡状况。茶园合理增施矿质肥料和平衡施肥，既可以不断提高土壤矿质营养水平，又能够平衡各种营养元素的关系，促进茶树生长，增加茶丛叶层厚度，这不仅能够大大提高茶叶产量，也可以提高茶树凋落物的数量。因此，合理增施复合肥可以促进茶园由无机向有机方向转化。由于茶树具有落叶回园的作用，茶园土壤的物质循环特点不同于普通大田作物，即使长期使用化肥，土壤有机质的积累仍较为缓慢。

(4)建立生态立体茶园　例如，茶园周边植树造林，茶园中栽种行道树，梯边、路边、塘边种草种绿肥及茶园中间种冬、夏绿肥和茶园套种橡胶、果树、桑树等，可以改善生态环境，防止水土流失，为茶园积累更多的有机质。如果在茶园套种豆科作物，则效果更好。

(5)茶园周期性修剪，枝叶还园　根据茶园实际情况，对茶树进行周期性修剪是建立高光效茶丛的重要技术措施。

4.改良土壤酸化

土壤酸化即茶园土壤有呈酸化的趋势，土壤酸化的改良可以通过增加有机质、平衡施用营养元素、施用 pH 调节物等措施实现。

(1)增施有机肥　有机肥，特别是一些厩肥、堆肥和土杂肥等，通常都呈中性或微碱性反应，可以有效中和茶园土壤中的游

离酸。同时，各种有机肥含有非常丰富的钙、镁、钠、钾等元素，能够补充茶园盐基物质淋失而造成的不足，具有缓解土壤酸化的效果。另外，有机肥中的各种有机酸及其盐所形成的络合物胶体，具有很高的吸附性和阳离子交换量，可以很大程度地缓解茶园土壤酸化。因此，增施有机肥，提高土壤有机质含量可以大大缓解土壤酸化进程。

(2)调整施肥结构，防止营养元素平衡失调　化肥可以迅速改变茶园土壤营养含量水平，如果施肥不平衡，会导致土壤营养元素不平衡，土壤反应条件恶化。片面地单独长期施用酸性肥、生理酸性肥或铵态氮肥等都会使土壤酸化。因此，在茶园施肥中不能只施氮肥，而应合理配合施用氮、磷、钾及中量元素和微量元素，单一肥料品种也不能长期施用。可以根据茶树吸肥特性和土壤特点，将几种肥料复配成针对性强的茶树专用肥，以平衡土壤营养条件，防止土壤酸化的作用，达到良好的施用效果。

(3)增施白云石粉调整土壤 pH　白云石是碳酸钙和碳酸镁的混合矿物，可以改良土壤 pH 为 4.5 以下的茶园土壤。各地白云石钙和镁的含量各不相同，通常含镁量都在 15%以上，它不仅可以中和土壤的酸度，还能够增加土壤盐基交换量，尤其是镁的含量，有效防止土壤酸化而引起的缺镁症。对于因长期施氮和钾肥而引起缺镁的茶园，白云石不仅是土壤改良剂，也是茶园重要的含镁肥料。施用方法一般有面施和沟施两种：面施是把白云石粉碎通过 100 目，在茶树地上部生长结束后撒施在茶园行间，每公顷茶园施 375～750 kg，然后结合耕作翻入茶园，一年一次或隔年一次，待茶园 pH 达到 5.5 后停止施用。沟施是将通过 100 目的白云石粉配合基肥一起施入。为了防止白云石引起基肥中氮的挥发，施白云石粉必须在施基肥后进行，拌匀后立即盖土。待施肥沟中的 pH 上升到 5.5 以后即停止施用。

5. 治理茶园土壤污染

茶园土壤污染是指因某种原因进入土壤中的有毒、有害物质超出土壤自净能力，严重时会导致土壤物理、化学及生物学性质的逐渐恶化变质。有害金属污染、农药污染和肥料污染等是当前土壤污染较突出的问题。根据污染原因的不同，茶园土壤污染的治理工作主要从控制污染源、改善茶园生态环境和不同的修复措施三方面开展。

(1)控制污染源　加强治理工业“三废”，查清茶区的重金属背景，对症下药，逐步解决。选择肥料应遵照各种无公害茶园的生产规模和用肥标准(表 2-1)进行，做到安全合理施肥，并控制肥料中可能存在的有害污染物质掺杂。

表 2-1　无公害茶园施用有机肥料污染物质允许含量

项目	浓度限值/(mg/kg)
砷	≤30
汞	≤5
镉	≤3
铬	≤70

来源：邹彬. 优质茶叶生产新技术[M]. 石家庄：河北科学技术出版社，2013.

对茶树病虫害，应重点抓农业防治，加强生物防治，尽量减少化学农药的用量和用药次数。必须进行化学防治时，要选用低毒农药，改进喷施技术，以减少农药对土壤的污染。

(2)改善茶园生态环境　新建茶园应首先考虑产地环境条件，选择远离城市、工矿等污染源的位置，并在茶园周边种植防护林、隔离林和行道树，改善茶园生态条件，防止污浊空气向茶园中漂移，减少大气沉降物对茶园的污染。对于接近城市、工厂、矿山的茶园，植树造林更是茶园基本建设的重要内容，可以有效防止废弃物的污染。

(3)修复措施　针对一些农药、重金属污染严重的土壤，可以采用植物、化学和工程等措施进行修复。

植物修复。在受重金属污染的土地上栽种超富集植物等特殊植物，通过植物的根系将土壤中的重金属吸出来，然后收获植

物的地上部，对植物进行焚烧或提炼，进行二次利用。例如，香草、百喜草、肥田萝卜草等作物根系对铅、镉有很强的富集能力，经过多次间作富集，可逐步修复受污染土壤。

化学修复。选择一些化学改良剂，改变土壤反应条件，或选择某些化合物与重金属元素起化学反应，钝化污染元素在土壤中的活性，降低茶树对污染元素的吸收。例如，硫酸亚铁可钝化土壤中砷的活性，白云石粉可钝化土壤中铅的活性，磷肥可钝化土壤中汞的活性。在化学修复过程中，需要注意避免造成土壤的二次污染。

工程修复。其主要措施是客土和换土。客土是用一些肥力较高而没有受到污染的土壤将受污染的土壤稀释。换土是把受污染的土壤全部挖掉、移走，移进没有污染的土壤，是比较彻底的一种修复方法。但这类措施的工作量很大，费时费工，成本较高。

四、茶园水肥管理技术

（一）水分管理

水是构成茶树机体的主要成分，也是各种生理活动所必需的溶剂，是生命现象和代谢的基础。茶树水分不足或过多，代谢过程受阻，都会给各种生命活动过程造成不良影响，进而导致茶叶产量和质量的降低。因此，有效地进行茶园水分管理是实现“高产、优质、高效”的关键技术之一。

茶树需水包括生理需水和生态需水。生理需水是指茶树生命活动中的各种生理活动直接所需的水分；生态需水是指茶树生长发育创造良好的生态环境所需的水分。茶园水分管理，是指为维持茶树体内正常的水分代谢，促进其良好的生长发育，而运用栽培手段对生态环境中的水分因子进行改善。在茶园水分循环中，茶园水分别来自降水、地下水的上升及人工灌溉三条途径。而茶园失水的主要渠道是地表蒸发、茶树吸水（主要用于蒸腾作用）、排水、径流和地下水外渗（图 2-6）。

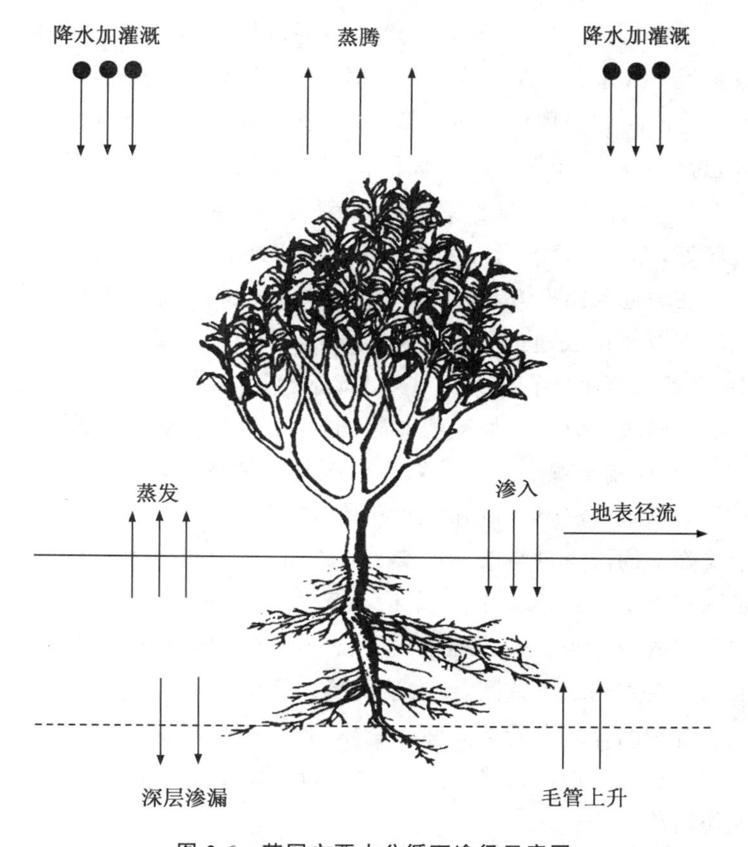

图 2-6 茶园主要水分循环途径示意图

来源：邹彬．优质茶叶生产新技术[M]．石家庄：河北科学技术出版社，2013.

1. 茶园保水

由于我国绝大部分茶区都存在明显的干旱缺水期和降雨集中期，加上茶树多种植在山坡上，灌溉条件不利，且未封行茶园水土流失的现象较严重，因而保水工作显得非常重要。据研究，我国大多数茶区的年降水量一般多在 1 500～2 000 mm，而茶树全年耗水最大量为 1 300 mm，可见，只要将茶园本身的保蓄水工作做好，积蓄雨季的剩余水分为旱季所用，就可以基本满足茶树的生长需要。茶园保水工作可归纳为两大类：一是扩大茶园土壤蓄纳雨水能力；二是控制土壤水分的散失。

(1)扩大土壤蓄水能力　土壤不同,保蓄水能力也不相同,或者说有效水含量不一样,黏土和壤土的有效水范围大,沙土最小。建园时应选择相宜的土类,并注意有效土层的厚度和坡度等,为今后的茶园保水工作提供良好的前提条件。但凡可以加深有效土层厚度、改良土壤质地的措施,如深耕、加客土、增施有机肥等,都能够显著提高茶园的保水蓄水能力。

在坡地茶园上方和园内加设截水横沟,并做成竹节沟形式,能够有效地拦截地面径流,雨水蓄积在沟内,再缓缓渗入土壤中,是茶园蓄水的有效方式。另外,新建茶园采取水平梯田式,山坡坡段较长时适当加设蓄水池,也可以扩大茶园蓄水能力。

(2)控制土壤水分的散失　地面覆盖是减少茶园土壤水分散失的有效办法,最常用的是茶园铺草,可减少土壤蒸发。茶园承受降雨的流失量与茶树种植的形式和密度关系密切。一般是条列式小于丛式,双条或多条植小于单条植,密植小于稀植;横坡种植的茶行小于顺坡种植的茶行。幼龄茶园和行距过宽、地面裸露度大的成龄茶园,流失情况特别严重。

合理间作。尽管茶园间作物本身要消耗一部分土壤水,但是相对于裸露地面,仍然可以不同程度地减少水土流失,坡度越大作用越显著。

耕锄保水。在雨后土壤湿润、表土宜耕的情况下,及时进行中耕除草,不仅可以免除杂草对水分的消耗,而且能够有效地减少土壤水的直接蒸散。

在茶园附近,特别是坡地茶园的上方适当栽植行道树、水土保持林,园内栽遮阳树,不仅可以涵养水源,而且能够有效地增加空气湿度,降低自然风速,减少日光直射时间,从而减弱地面蒸发。

此外,也应该合理运用其他管理措施。例如,适当修剪一部分枝叶以减少茶树蒸腾;通过定型和整形修剪,迅速扩大茶树树冠对地面的覆盖度,不仅可以减少杂草和地面蒸散耗水,而且能够有效地阻止地面径流;施用农家有机肥,可以有效改善茶园土壤结构,提高土壤的保水蓄水能力。

2. 茶园灌溉

茶园灌溉是有效提高茶叶产量、改善茶叶品质的生产措施之一，关键在于选择合适的灌溉方式和时期。用于茶园灌溉的水质应符合灌溉用水的基本要求。

灌溉可以改善土壤条件和茶园小气候，达到增加产量、提高品质的目的。对于茶树而言，“有收无收”在于水，旱季的“收多收少”也受制于水。实践证明，灌溉是茶叶大幅度增产的一项重要措施。

为充分发挥灌溉效果，做到适时灌溉十分重要。所谓适时，就是要在茶树尚未出现因缺水而受害的症状时，即土壤水分减少至适宜范围的下限附近，就补充水分。判断茶树的灌溉适期，一般有三种方法：一是观察天气状况。依当地的气候条件，连续一段时间干旱，伴随高温时要注意及时补给水分。二是测定土壤含水量。茶园土壤含水量大小能够反映出土壤中可为茶树利用水分的多少。在茶树生长季节，一般当茶树根系密集层土壤田间持水量为90%左右时，茶树生育旺盛，下降到60%～70%时，生育受阻，低于70%，叶细胞开始产生质壁分离，茶树新梢就受到旱害。因此，在茶树根系较集中的土层田间持水量接近70%时，茶园应灌溉补水。三是测定茶树水分生理指标。茶树水分生理指标是植株水分状况的一些生理性状，例如芽叶细胞液浓度和细胞水势等。在不同的土壤温度与气候条件下，水分生理指标可以客观地反映出茶树体内水分供应状况。新梢芽叶细胞液浓度在8%以下时，土壤水分供应正常，茶树生育旺盛；细胞液浓度接近或达到10%时，表明土壤开始缺水，需要进行灌溉。

合理茶园灌溉方式的选择，必须充分考虑合理利用当地水资源、满足茶树生长发育对水分的要求、提高灌溉效果等因素。

（1）浇灌　浇灌是一种最原始、劳动强度最大的给水方式，不适宜大面积采用，可在没有修建其他灌水设施，临时抗旱时使用。特点是水土流失小，节约用水等。

（2）自流灌溉　茶园自流灌溉系统通常分为提水设备和渠

道网两个部分。前者包括动力和水泵，后者由干渠和支渠组成。水经干渠流入茶园，再经支渠灌入每块茶地。为了便于灌溉，支渠最好与茶行垂直。流灌一次可以彻底排除土壤干旱，但水的有效利用系数低，灌溉均匀度差，容易导致水土流失，而且渠道网占地面积较大，影响耕地利用率。

茶园自流灌溉的方法主要有两种：一种是通过开沟将支渠里的水控制一定的流量，分道引入茶园，称为沟灌法。开沟的部位和深度与追肥沟基本上一致，这样可以使流水较集中地渗透在整个茶行根际部位的土层内。灌水完毕后，应及时将灌水沟覆土填平。另一种是漫灌法。即在茶园放入较大流量的水，任其在整个茶园面上流灌。漫灌用水量见多，只适宜在比较平坦的茶园里进行。

对茶园进行灌溉，应根据不同地势条件掌握一定的流量。过大的流量容易造成流失和冲刷；过小的流量则要耗费很长的灌溉时间。

一般说来，坡度越大，采用的流量必须相应减小。一般沟灌时采用每小时 4～7 m^3 的流量较为适合。

(3)喷灌　喷灌类似自然降雨，是通过喷灌设备将水喷射到空中，然后落入茶园。主要优点有：可以使水绝大部分均匀地透入耕作层，避免地面流失；水通过喷射装置形成雾状雨点，既不破坏土壤结构，又能改变茶园的小气候，提高产量和品质。同时可以节约劳动力、少占耕地、保持水土、扩大灌溉面积。但喷灌也有一些局限性，如风力在 3 级以上时水滴被吹走，大大降低灌水均匀度；一次性灌水强度较大时往往存在表面湿润较多，深层湿润不足，并且，喷灌设备需要较高的投资。

(4)滴灌　滴灌是利用一套低压管道系统，将水引入埋在茶行间土壤中(或置于地表)的毛管(最后一级输水管)，再经毛管上的吐水孔(或滴头)慢慢(或滴)入根际土壤，以补充土壤水分的不足。滴灌的优点是：用水经济，保持土壤结构；通气好，有利于土壤好气性微生物的繁殖，促进肥料分解，以利用茶树的吸收；减少水分的表面蒸发，适用于水源缺乏的干旱地区。缺点是:材料多、投资大,滴头和毛管容易堵塞,田间管理工作比较困难。

各种茶园灌溉的方式互有优缺点,具体选择何种方式,必须以经济适用为原则,因地制宜。对于茶园来说,喷灌效果最为理想。但地势平坦的茶园修建滴灌系统也有其独特的优点。因此,有条件的地方可配合采用不同的给水方式,以创造更有利于茶树生长发育的生态环境。

3. 茶园排水

水分超过茶园田间持水量,对茶树生长百害而无一益,必须进行排除。容易发生湿害的茶园,更要因地制宜地做好排湿工作。开沟排水,降低地下水位是排湿的根本方式。茶园排水还必须结合大范围的水土保持工作,被排出茶园的水应尽可能收集引入塘、坝、库中,以备旱时再利用或供其他农田灌溉以及养殖业用。

(二)茶园施肥

茶树在整个生命周期的各个生育阶段,为保持自身正常的生长发育,总是有规律地从土壤中吸收矿质营养。采下的鲜叶中含有一定数量的营养元素,茶园土壤中各种营养元素的含量非常有限,并且彼此间的比例也不平衡,无法完全满足茶树在不同生长发育时期对营养元素的要求。因此,人们在栽培茶树的过程中,为满足茶树的生长发育所需,必须根据茶树营养特点、需肥规律、土壤供肥性能与肥料效应,运用科学施肥技术进行茶园施肥,以促进茶树新梢的正常生长。合理施肥,可以最大限度地发挥施肥效应,改良土壤,提高土壤肥力,满足茶树生长发育的需要,并提高鲜叶中的有效成分含量。

构成茶树有机体的元素有 40 多种,碳(C)、氢(H)、氧(O)、氮(N)、磷(P)、钾(K)、钙(Ca)、镁(Mg)、硫(S)、氯(Cl)、锰(Mn)、铁(Fe)、锌(Zn)、铜(Cu)、钼(Mo)和硼(B)等元素是茶树从环境中获取的必需营养元素。空气和水提供了大部分的碳、氢、氧元素,而其他元素则主要来自土壤。另外,铝(Al)和氟(F)在茶树体内含量较高,但不是茶树生长的必需元素,氯在一

般植物中是必需元素，但氯对茶树的生育作用尚不清楚，其需要量甚微，因缺氯而造成减产的现象也未在生产上发现，而在一些地方却出现施氯造成氯害的情况。

按照植物生长对养分需求量的多少，将必需营养元素分为大量元素和微量元素。在茶叶中含量较多的矿质营养，如氮、磷、钾、硫、镁、钙等，通常为千分之几到百分之几，称为大量元素，它们一般直接参与组成生命物质如蛋白质、核酸、酶、叶绿素等，并且在生物代谢过程和能量转换中发挥重要的作用；铁、锰、锌、硼、铜、钼等在茶树体内含量较低，仅仅百万分之几到十万分之几，茶树生长对它们需要量也较少，称为微量元素。氮、磷、钾三种元素由于在矿质元素中的含量多、作用大，并且土壤供应常常不足，因而被称为"茶树生长三要素"。

为补充因茶叶采摘带走的养分，保持土壤肥力，创造营养元素的合理循环和平衡，人们有意识地施入某些营养物质，保证茶树良好的生长发育，以不断提高茶园产量、茶叶品质和经济效益，这就是茶园施肥。为使茶园施肥发挥最大的效应，施肥必须遵循经济、合理、科学的原则，因时、因地、因茶树的不同品种和生育期，采用适时、适量、适当的科学施肥方法。

1. 茶园主要肥料种类和特点

(1)有机肥料　主要有饼肥、厩肥、人粪尿、海肥、堆肥、腐殖酸类肥和绿肥等。

(2)无机肥料　它又称化学肥料，按其所含养分分为氮素肥料、磷素肥料、钾素肥料、复混肥料和微量元素肥料等。

(3)生物肥料　生物肥料是既含有作物所需的营养元素，又含有微生物的制品，是生物、有机、无机的结合体。它可以代替化肥，提供农作物生长发育所需的各类营养元素。目前，茶园微生物肥料归纳起来大致有三种类型：一是茶园生物活性有机肥，它不仅含有茶树必需的营养元素，而且含有能够改良土壤物理性质的多种有机物，以及可增强土壤生物活性的有益微生物体。生物活性有机肥是一种既提供茶树营养元素、又能改良土壤综合性多功能肥料。二是有益菌类与有机质基质混合而成的生物复合肥，称微生物菌肥。常用的微生物包括固氮菌、固氮螺菌、磷酸盐溶解微生物制剂和硅酸盐细菌。三是微生物液体制剂。目前，广谱肥料是茶园施用的主要微生物肥料，专用肥料很少。生物肥料的施用可改善土壤肥力，抑制病原菌活性，不会污染环境，并且使用成本低于化肥，既可用作基肥，又可用作追肥施用。

2. 茶园施肥量确定

(1)三要素的配合比例和用量　不管从栽培、制茶角度还是从产量、质量角度来说，采用氮、磷、钾配施均非常必要。生产上如何确定三要素比例用量是件复杂的事。从化学角度分析，茶树新梢全年平均，其氮、磷、钾自然含量的比例为 4.5∶0.8∶1.2，即每采收 100 kg 干茶要从茶树体内带走 4.5 kg 氮、0.8 kg 磷和 1.2 kg 钾。实际上，生产上为茶树提供的养料应比采摘而带走的量要多得多，原因是茶树正常的生育、枝叶的修剪、土壤的淋溶都会造成养分的损耗。茶树通常对肥料的吸收率为氮肥 20%～50%，磷肥 3%～25%，钾肥 20%～45%，具体吸收能力因土壤性质和茶树长势等不同。

确定施肥量是科学施肥和经济用肥的重要内容，“以产定氮，以氮定磷、钾，其他营养元素因缺补缺”是目前常采用的办法。通常幼龄茶园按年龄和长势，成龄茶园按产量指标。根据各地经验和田间试验结果，每生产 100 kg 干茶需要施用 12～15 kg 的氮素。在氮素用量确定后，根据适宜茶树生长的氮(N)、磷(P_2O_5)、钾(K_2O)比例确定磷和钾的用量。根据田间试验，目前认为氮(N)、磷(P_2O_5)、钾(KO_2)的最佳配比为(4～2)∶1∶(1～2)，实际生产中根据对土壤和茶树植株磷、钾的测度结果进行调整，假如土壤严重缺磷，则增加磷的比例。硫、镁和微量元素等其他营养元素，则根据土壤分析结果，在缺乏时适量施用。生产上决定三要素的配合比例后，通常根据树龄、产量指标决定肥料用量，然后选择肥料种类，并制订出全年的施肥计划。

(2)基肥用量　当年茶树停止采摘后施入的肥料称为基肥。茶园基肥宜采用各类有机肥，如堆肥、厩肥、饼肥等，掺和一部分磷、钾肥或低氮的三元复合肥，做到取长补短，既能够提供足够

的、能缓慢分解的营养物质，又可以改良茶园土壤的理化性质，提高土壤保肥供肥能力。

幼龄茶园的基肥年施用量为每公顷施15～30 t堆、厩肥，或1.5～2.25 t饼肥，配合225～375 kg过磷酸钙和112.5～150 kg硫酸钾。生产茶园按计量施肥法，基肥中氮肥的用量为全年用量的30%～40%，而磷肥和微量元素肥料可全部作基肥施用，钾、镁肥等在用量不大时可作基肥一次施用，配合厩肥、饼肥、复合肥和茶树专用肥等施入茶园。

(3)追肥用量　在茶树地上部生长期间施用的肥料统称为茶园追肥。施用目的主要是不断补充茶树矿质营养，进一步促进茶树生长，获得持续高产的效果。由于茶树生长期间吸收能力较强，需肥量较大，对氮素的要求尤为迫切，因此目前茶园追肥以施速效性氮肥为主，并根据土壤和茶树类型的不同，在必要的情况下，适当配合磷、钾肥及微量元素肥。生产茶园氮肥用量按产量指标计算，通常按基肥、追肥各占年全氮总量的40%和60%的比例分配。确定追肥施用量后，就应考虑分几次施用，每次追肥多少数量才合理，通常与气候条件、采摘制度和肥料施用量有关。在一年三次追肥情况下，春、夏、秋三季可按照4∶3∶3或5∶2.5∶2.5的比例进行分配。水热资源丰富的南方茶区，由于茶树生长期长、茶芽萌芽萌发轮次多，夏秋虽有伏旱而具有喷灌条件的，因此可适当提高夏秋茶追肥的比例，可按照4∶2∶2∶2(四次)或3∶2∶2∶2∶1(五次)进行分配。另外，施肥次数不能过多，过多会造成肥料太过分散，容易在每轮新梢生长的高峰期发生缺肥症状，并且导致施肥用工量增加。

3. 茶园施肥时期与方法

(1)施肥时期　由于气候条件不同，茶树生长期长短不一，因而各地基肥的施用时期也有所不同。但总的原则是宜早不宜迟，一般在茶树地上部生长停止后立即进行。长江中下游茶区及云贵高原部分茶区基肥在10月中下旬至11月上旬施用，不宜超过11月。原则上基肥与茶园深耕配合进行(或仅开沟施肥而不深耕)，在秋茶采摘结束立即施下，以更好地起到营养树体、促进越冬芽分化发育的作用。此外,基肥宜早是为了掌握在根系秋季活动高峰期之前施入,以利于茶根生长抗旱和越冬。

为避免茶树生长过程中养分脱节,追肥施用必须适时。具体时期主要以茶芽发育的物候期为依据。第一次追肥称为催芽肥,施用日期因各地气候、地势、土壤、品种特性等的差异而不同。具体要看越冬芽生长发育情况,早则在越冬芽萌动即鳞片初展时,迟则在鱼叶开展期。通常在红、绿茶区,当选用硫酸铵作追肥时,催芽肥施用时期通常在开采前 15～20 d 施下为宜。长江中下游茶区茶树越冬芽大多在 3 月中下旬萌发,催芽肥的施入应掌握在新芽开始萌动、新根已经长出的时机,才能充分被茶树吸收,起到催芽肥的作用。在春茶采摘的高峰期过后,进行第二次追肥。同样,在夏茶采摘高峰期后第三次追肥。假如气候温暖,雨水丰富,茶树生长期长,则还要进行第四次、第五次追肥,甚至更多。

在确定各地具体的追肥适期时,还要灵活掌握,因地制宜。例如,早芽种应早施,中迟芽种应迟施;阳坡茶园应早施,阴坡茶园应迟施;平地缓坡地应早施,高山茶园应迟施;沙土茶园应早施,土茶园应迟施;尿素、复合肥应早施,硫酸铵、碳酸氢铵适当迟施。另外,安徽、福建等省夏茶后 7—8 月间正值旱热时期,高温干旱对追肥效果影响很大,因此不适宜施肥。

(2)施肥方法　不管是基肥还是追肥,施肥的方法正如农谚所说的“施肥一大片,不如一点一线”。对成龄条栽茶园要开沟条施,丛栽的要采取弧形施或环形施,没有形成蓬面的幼龄茶树则要按丛进行穴施。总体来说,施肥位置要求相对集中。

成龄采摘茶园的具体施肥位置通常以茶丛蓬面边缘垂直向下为宜。幼龄茶树施肥穴(沟)与根茎应保持一定距离,1～2 年生茶苗为 6～10 cm,3～4 年生的幼树为 10～15 cm。平地茶园在一边或两边施肥,坡地茶园或梯级茶园,应在茶行的上方开沟施肥,以免肥料流失。

基肥的施肥深度要深,成龄采摘茶园一般 25～30 cm,1～2 年生幼树一般 15～20 cm,3～4 年生幼树一般施 20～25 cm;

追肥深度应根据肥料性质决定，硫酸铵、硝酸铵等浅施 5～6 cm 即可，容易挥发的氨水、碳酸氢氨等肥料要适当深施，尿素、复合肥也应深施，深度通常在 10 cm 左右，并随施随盖土。磷钾肥的施肥深度与基肥相同。

密植速成茶园因种植密度过大而无法开沟追肥，只能将肥料撒在茶丛蓬面上，然后抖动蓬面，使肥料掉落在蓬面覆盖下的土壤表层。有条件的地区，可在施肥的同时进行喷灌；无喷灌条件的茶园可在雨后有墒情时施用。为了不引起肥害而出现叶片灼伤现象，追肥时间应选择露水干的时候进行。

(3)底肥的施用　底肥指开辟新茶园或改植换种时施入的肥料，主要作用是增加茶园土壤有机质，改良土壤理化性质，促进土壤熟化，提高土壤肥力，为以后茶园优质高效创造良好的土壤条件。施用时应选择改土性能良好的有机肥，如纤维素含量高的绿肥、秸秆、草肥、饼肥、堆肥、厩肥等，同时配施钙镁磷肥、磷矿粉或过磷酸钙等化肥，而不宜采用速效化肥。

为促进深层土壤熟化，诱发茶树根系深层发展，底肥要开沟分层施用，开沟时表土、深土分开，沟深 40～50 cm，沟底再松土深 15～20 cm，按层施肥，先填表土，每层土肥混匀后再施上一层，使土肥相融。

4.茶树叶面施肥

除了依靠根部吸收矿质元素之外，茶树叶片还可以吸收吸附在叶片表面的矿质营养。茶树叶片吸收养分有两种途径：一种是通过叶片表面角质层化合物分子间隙向内渗透，进入叶片细胞；另一种是通过叶片的气孔进入叶片内部。叶面施肥用量少，养分利用率高，施肥效益好。同时，不受土壤对养分淋溶、固定、转化的影响，有利于施用容易被土壤固定的微量元素肥料。

叶面追肥的施用浓度非常重要，浓度太高容易灼伤叶片，浓度太低则无效果。为方便机械化管理，叶面追肥还可同治虫、喷灌等结合，既经济又节约劳动力。几种叶面肥混合施用，应注意只有化学性质相同的(酸性或碱性)才能配合。叶面施肥与农药配合施用时，也只能酸性肥配酸性农药，不然就会影响肥效或药效。采摘茶园叶面追肥的肥液量，通常为每公顷 750～1 500 kg，并在喷湿茶丛叶片的前提下，随覆盖度的大小增加或减少。茶叶正面蜡质层较厚，而背面蜡质层薄，气孔多，一般比正面吸收能力高 5 倍左右，因此以喷洒在叶背为主。喷施微量元素及植物生长调节剂，通常每季仅喷 1～2 次，在芽初展时喷施较好；而大量元素等可每 7～10 d 喷一次。由于早上有露水，中午有烈日，喷洒时容易改变浓度，因此最好在晴天傍晚或阴天喷施，下雨和刮大风天气不能进行喷施。目前，在茶树上使用的叶面追肥品种繁多，作用各异，主要有：大量元素、微量元素、稀土元素、有机液肥、生物菌肥、生长调节剂以及专门型和广谱型叶面营养物。具体使用可根据土壤测定和茶树营养诊断，遵循“按缺补缺、按需补需”的选择原则。

第四节　茶叶的采摘

一、鲜叶采摘的生物学基础

茶树新梢的生长发育，并不是孤立进行的，而是和植株其他部位的生长发育有机地、错综复杂地联系在一起。采去新梢，就会引起茶树内部生理机能的变化，使茶树植株各部位的生长状况以及相互关系也发生相应的变化。因此，要合理采摘，就必须充分认识茶树的生物学特性以及它与采摘的关系。

为茶树合成有机养分提供了场所；又及时地采去顶芽，促进侧芽的萌发生长，以扩大树冠，从而使树冠与根系能得到协调发展。由此可见，处理好采与留的关系，是调节茶树树冠与根系生长的重要手段之一。此外，要解决好上述关系，还必须做好茶园的全年管理工作。我国大部分茶区，每年 4—9 月是茶树生长的活跃时期。入冬后，茶树地上部处于相对休止状态，而地下部仍处于相对活动状态，根据茶树营养物质的积累与分配以及根系的消长规律，秋末冬初及时供给茶树丰富的养分，茶树根系才能健壮生长，为翌年新梢，特别是为春梢的萌发生长提供良好的物

质基础。所以，春茶生产的好坏，与秋、冬季的肥培管理是密切相关的。

二、茶叶采摘要求

茶叶采摘是茶树栽培的收获过程，又是茶叶加工的开端，是联系茶树栽培与茶叶加工的纽带。茶叶采摘的好坏关系着茶叶产量的高低、品质的优劣，同时影响着茶树的长势和经济寿命，因此茶树采摘远比一般大田作物的收获复杂。

（一）采摘原则

茶树的生长发育、茶叶的产量和品质均与茶叶采摘有着密切的关系，合理采摘就是使树势、产量和品质三方面都处于长期的优势状态，以获得经济效益的最大值。由于我国茶类繁多，各地种茶条件各异，采摘制度多种多样，因而对合理采摘并没有共同统一的标准。从目前茶叶生产现状和对多数茶类而论，合理采摘应掌握的原则有下面几点。

其一，从新梢上采下来的芽叶必须适应所制茶类加工原料的要求，能够适当兼顾同一茶类不同等级或不同茶类加工原料的要求。为达到提高经济效益的目的，应尽量采摘制作高中档茶原料，少采或不采低档茶原料。

其二，采摘可以不断促进新梢发芽，保证茶树正常而旺盛的成长，同时增强树冠面新梢的密度和强度，能够使年采摘次数增加，从而在采摘期内持续不断地取得高产优质的效果，并有效地延长茶树的经济年龄。

其三，通过采摘来调节产量和品质的矛盾，并合理安排当地采摘劳力，提高劳动生产率。合理采摘，就是正确掌握好采摘标准、采摘时期以及采摘方法等，做到“按标准、及时、分批、留叶采”。

（二）采摘标准

茶叶采摘标准决定于茶类对新梢嫩度与品质的要求和产量因素。我国茶类丰富多彩，品质特征各具一格，鲜叶的采摘标准也存在较大差异，概括起来可以分为细嫩标准、适中标准和成熟标准。

1. 细嫩标准

细嫩指茶芽初萌发或初展1～2嫩叶时就进行采摘的标准。例如，特级龙井要求为1芽1叶，芽比叶长，长度在2.5 cm以下；一级龙井为1芽1～2叶(初展)，芽比叶长，长度在3 cm以下。

2. 适中标准

当新梢伸展到1芽3～4叶时，采下1芽2～3叶及同等嫩度的对夹叶。这个标准的茶叶产量相对较高，品质较好，经济效益也比较高。

3. 成熟标准

为保持传统特种茶独特的香气和滋味，等新梢充分成熟、顶芽形成驻芽后，采下2～3叶或3～4叶对夹，或者将新梢全部进行采割，作为制茶原料。这是当前我国一些特种茶所应用的标准，如乌龙茶和黑茶等。

同时，茶树的树龄和生长势也应在制定茶树采摘标准的考虑范围内。例如，幼年茶树在最初1～2年通常只养不采，3～4年开始打顶轻采；树势生长良好的成年茶树，可按采摘标准开采。假如茶树生长势衰弱，则适当留养，实行轻采。

另外，由于各茶区的气候条件不同，新梢的生育强度也各不相同，制定采摘标准必须与茶树新梢生育强度和气候条件相结合。在年生育周期内的同一类茶园上，可以在不同时期有不同的采摘标准，制造不同的茶类，以提高品质、产量和经济效益。例如龙井茶区，清明前后主要是采摘高标准龙井原料，谷雨前后主要是采摘中档龙井原料，立夏前后则以采摘低级别龙井或炒青原料为主。

(三)采摘时期

有农谚说："早采三天是个宝，晚采三天变成草。"茶树的季节性很强，不违农时及时抓住开采时期与各批次的采摘周期，适

时停采，是采好茶的关键。采摘时期是指茶树新梢生长期间，根据采摘标准，留叶要求，掌握适宜的年、季开采期，停采期及采摘周期。

1. 开采期

由于我国各茶区气候条件不同，开采的时间也差别很大。即使在同一地区，也因茶树品种等的不同而没有一致的开采期。通常认为，在手工采茶的情况下，茶树开采期宜早不宜迟，以略早为好。当茶园中有5%的新梢达到采摘标准，甚至更低的比例，就可以开始采摘。

2. 停采期

茶园停采期又称封园期，适用于我国茶树新梢生长具有季节性的广大茶区，是指在一年中，结束一年茶园采摘工作的时间。停采期的迟早，关系着当年产量、茶树生长以及下年产量的多少。因此，必须根据当地气候条件，管理水平，青、壮、老不同茶树年龄的实际生长期，可采轮次等，制订出不同的停采期，不宜统一停采。例如，管理好、树势壮、留养好、早霜期较迟的茶园，停采期可略微推迟。为增加当年产量，一般可采至最后一轮或提前一轮结束，茶区通常可采到白露或秋分左右；树势弱、管理差、早霜期早或需要继续培养树势的茶园，为留养秋梢，可适当提前1～2轮结束，以扩大树冠或复壮树势，达到提高或稳定来年产量的目的。

3. 采摘周期

茶树新梢生育具有轮次性。不同品种茶树的发芽有早有迟，即便是同一品种或同一茶树，发芽也因枝条强弱的不同而快慢有别。甚至同一枝条也由于营养芽所处的部位不同，不可能在一致时间发芽。一般情况下，主枝先发，侧枝后发；强壮枝先发，细弱枝后发；顶芽先发，侧芽后发。根据茶树发育不一致的特点，通过分批多次采，做到先发先采，先达标准的先采，未达标准的后采，是提高茶叶产量和质量的重要措施。

旺采期茶的采摘周期因茶树品种、气候、肥培管理等条件而不同。萌芽速度快的品种，不能间隔太长时间；气温高，茶芽生长快，采摘周期应短；肥培管理好，水肥充足，生长较快，可相应增加采摘批次。

总之，采摘技术是生产优质茶的一项重要技术手段，是优质茶品质的重要保证。因此，对鲜叶的采摘技术必须非常重视。

三、采摘技术

建设茶园、种植茶树的主要目的就是采收茶叶，由于茶树是多年连续采收的农作物，合理的采摘不仅影响当年茶叶的产量、质量，而且关系到今后茶叶的收成，因此采摘方法非常重要。除了一些特种茶外，我国的茶叶采摘至今还多为手采。尤其在名优茶产区，不同的采摘手势、不同的采摘标准，为各式名优茶提供了生产的原料。

手工采茶的正确方法有掐采、提手采、双手采等。近年来，由于劳动力紧缺等原因，产区出现了捋采、抓采等不科学的采摘方法，手工采茶的质量普遍下降，对茶叶成品质量与茶树树势生长都产生了不利影响，必须加以纠正。

(一)手工采摘技术

手工摘茶作为我国传统的采摘方法，是目前生产上应用最广泛的采摘法。它的优点是：采摘精细，批次多，采期长，产量高，质量好，适于高档茶，特别是名茶的采摘。缺点是：工效低，费工大。由于手指动作，手掌朝向和手指对新梢着力的不同，形成了各种不同的采茶手法。

1. 采摘方法

打顶采摘法(图 2-7)：等新梢即将停止生长或新梢展叶 5～6 片叶子及以上时，采去 1 芽 2～3 叶，留下基部 3～4 片以上大叶。为促进分枝、培养树冠，采摘时应把握采高养低、采顶留侧的要领。一般每轮新梢采摘 1～2 次。

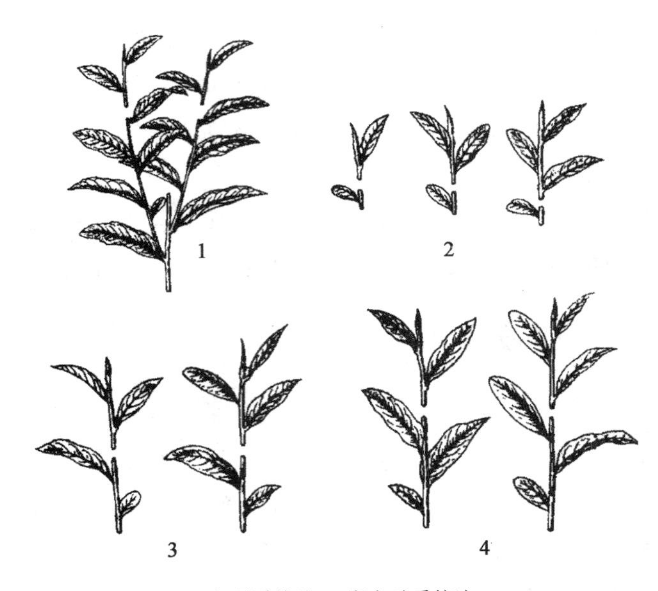

1. 打顶采摘法；2. 留鱼叶采摘法；

3. 留一叶采摘法；4. 留二叶采摘法

图 2-7　不同留叶采摘法示意图

来源：邹彬. 优质茶叶生产新技术[M]. 石家庄：河北科学技术出版社，2013.

留叶采摘法：当新梢长到 1 芽 3～4 叶或 1 芽 4～5 叶时，采去 1 芽 2～3 叶，留下基部 1～2 片大叶。因留叶数量和留叶季节的不同，此法又分为留一叶采摘法和留二叶采摘法等，具有采养结合的特点。

留鱼叶采摘法：当新梢长到 1 芽 1～2 叶或 1 芽 2～3 叶时，采下 1 芽 1～2 叶或 1 芽 2～3 叶，只把鱼叶留在树上。此法以采为主，是一般红、绿茶和名茶的基本采摘方法。

2. 采茶手法

(1)掐采　它又名折采左手按住枝条，用右手的食指和拇指夹住细嫩新梢的芽尖和一二片细嫩叶轻轻地用力掐下来。凡是打顶采、撩头采都采用这种方法。此法采量少，效率低，是采名贵细嫩茶最常用的方法。

(2)提手采　掌心向下或向上，用拇指、食指配合中指，夹住新梢要采的节间部位向上着力投入茶篮中。它又分为直采和横采两种，直采是用拇指和食指夹住新梢的采摘部位，手掌掌心向上，食指向上稍为着力，所采的芽叶便落在掌心上，摘满一手掌后随即放入茶篮中；横采手法与直采相同，唯掌心向下，用拇指向内左右摘取索要采摘的芽叶，或用食指向内向上着力采摘芽叶。此法手采中最普遍的方法，目前大部茶区的红绿茶，适中标准采，都采用此法。

（3）双手采　左右手同时放置在树冠采摘采面上，运用提手采的方法，两手互相配合，交替进行，把合标准的芽叶采下，具有采茶速度快、效率高的优点。掌握双手采方法的关键在于锻炼，主要经验是：思想集中，眼到手到，采得准、采得快，手法快而稳，不落叶、不损叶。双手操作时，两手不能相隔过远，两脚位置要适当，自然移动。此法主要用于优质茶生产，不适合只采芽或1芽1叶的名茶生产。

3. 按标准及时采

茶树的新芽可以不断萌发，采期长，可以多年、多季和多批次采摘。一方面，将符合标准的新梢及时采下，可以加速腋芽与潜伏芽的萌发，缩短采摘间隔期，使茶叶产量得到有效提高。另一方面，茶叶采收的季节性很强，从春茶中后期开始至秋茶期间，气温较高，芽叶生长快，符合要求的新梢如不及时采下，芽叶就会老化，品质变差。因此，实行按标准及时采茶，是茶园优质高产的重要保证。

及时采茶没有统一的标准，应根据实际情况的变化适时调整。具体来说，一是看气温变化，特别是春茶期间，更要引起注意；二是看降雨情况，夏、秋季气温较高，如果降雨量多，则茶芽萌发多；三是看新梢生长状况，每亩茶园有2～3 kg鲜叶可采时，可进行撩头采，如有10％～15％的新梢符合采摘标准，即为开采适期。

4. 分批多次采

茶树发芽是不一致的，因此应当分批进行采摘，以使加工的鲜叶原料整齐均匀。分批采茶还有利于采摘、加工的劳力安排与茶厂的合理利用。受品种、气候、土壤、肥培水平、所加工的茶

类等因素的综合影响，茶园一个茶季或一年的采摘批次有所不同。

(二)机械采摘技术

对大多数茶区来说，茶叶生产中耗工最多的一项工作就是采茶。在采摘大宗茶的产区，采茶所需用工量占总用工量的60%以上，而且有很强的季节性，必须及时采摘才能保证茶叶的产量与品质。随着茶叶生产专业化程度以及茶园面积和单产水平的不断提高，为更好地提高茶园经济效益，茶园采茶实行机械化已经迫在眉睫。据研究，在每亩产干茶 200 kg 的茶园中，单人手提式采茶机，切割幅度 325 mm，一般比人工采提高工效20 倍左右，台时工效可达 40～50 kg 鲜叶；双人采茶机，切割幅宽 910 mm，工效又可比单人采茶机提高 4 倍，台时工效可达225 kg 鲜叶。由此可见，实行机采可以明显提高工效、降低生产成本。同时，机采茶叶的质量能达到较高水平，明显优于手工粗放采摘的茶叶。

1. 机手与操作人员的业务培训

机械采茶的技术性较强，参加机采工作的机手及操作人员事先必须经过技术培训。培训内容主要包括：机采茶园的树冠培育与肥培管理技术；机械的结构、性能及使用；机械常见故障的排除；茶园采茶与修剪的田间实际操作技术等。培训合格后，机手及操作人员才可以进行实际采摘工作。

2. 机械采摘的技术环节

(1)机采适期、批次及留叶　生产大宗红、绿茶的茶区，春茶期间当有 80%的新梢符合采摘标准、夏茶期间当有 60%的新梢符合采摘标准时为机采适期。春茶机采之前，可以先用手工采摘法采下早发芽，用以加工名优茶，提高茶园的经济效益。机采茶园的采摘批次较少，通常春茶采摘 1～2 次，夏茶 1 次，秋茶2～3 次。由于长期机采会产生叶层变薄、叶形变小等现象，影响茶树的生长发育。

因此当叶层厚度小于 10 cm 时，应在秋季留一轮新梢不采或留 1～2 张大叶采。

(2)机械采茶的作业方法

①采茶铗。使用采茶铗采茶时，左右手分别握住下方与上方的刀片木柄，右手同时抓住集叶袋的出叶口，先靠左侧向前采收，到茶行终点后，接着靠另一侧往回采收，即一条茶行分两次在两侧采茶。

②单人采茶机。单人采茶机的操作需要两人配合，一人双手持采茶机头采茶，另一人提集叶袋协助机手工作。采茶时，机头在茶行蓬面作“Z”字形运动，从茶行边部采向中间，分别在两侧各采一次。采摘作业时，通常采用机手倒退、集叶手前进的方式在茶行间行走。一般 1 台单人采茶机约可管理茶园 25 亩。

③双人采茶机。双人采茶机通常需要 3～4 人共同工作，包括 1 名主机手、1 名副机手和 1～2 名集叶手。采茶时，主机手与副机手分别在茶行的两侧，主机手背向机器前进方向倒退作业，并掌握机采切口的位置；副机手面向前进方向，与主机手保持 40～50 cm 的距离，使采茶机与茶行保持 15°～20°的夹角；集叶手的主要工作是协助机手采茶或装运采下的茶叶，应走在主机手一侧的茶行间。每条茶行在两侧来回各采一次。一般 1 台双人采茶机约可管理茶园 80 亩。

第三章　六堡茶的加工

第一节　古代的六堡茶加工

一、古代不同季节六堡茶工艺流程

古法六堡茶的加工工艺，叶质老嫩不同，制作工艺也就不同；随着存放时间、温度、湿度的不同，口感也不同。下面简单汇总几种。

茶谷的一般工艺为：杀青—初揉—初烘—罨堆—复揉（五次左右）—烘干。

茶谷：指茶芽，一般是指春秋季的一芽二三叶嫩芽（图 3-1）。

中茶，茶叶质厚，不宜反复揉捻。一般工艺为：杀青—初揉—罨堆—复揉（两三次）—烘干。

中茶：指春末秋初采制的中等嫩度的茶，一芽三四叶（图 3-2）。

图 3-1　茶谷鲜叶

图 3-2　中茶鲜叶

二白茶，采摘时将芽、中叶、粗老叶同时采摘，部分老叶不宜反复揉捻。一般工艺为：杀青—初揉—初烘—复揉（两三次）—

罨堆—烘干。

二白茶:指春夏秋季采过几趟茶谷后,茶农无暇及时采制而长高长粗老的一芽三四叶茶,制作时,由于嫩老都有,颜色就有黑有白。

老茶婆,均为成熟叶子,无须揉捻。一般工艺为:杀青—炆蒸—罨堆—烘干。

老茶婆:指秋冬季采制的当年老叶或隔年老叶,尤以霜降时或霜降后采制的老茶婆香浓味厚、特色独具。

而在清末,广生祥的虾斗茶备受港澳茶商欢迎,其工艺也更为复杂且巧妙。即杀青—头揉—热焗—二揉—特制茶釜焖蒸—去青—复烘—盖薄砂纸隔夜—翻茶—罨堆—烘至九成干—晾干。

图 3-3 至图 3-5 为古代六堡茶加工工艺流程。

二、古代六堡茶加工技术

(一)杀青

捞水杀青:将茶叶放于沸水中,使其叶软而柔。一般适用于老茶婆,个别时候也用于二白茶。

蒸汽杀青:以蒸汽进行杀青。六堡乡里,多数用大蒸甑把茶叶蒸软杀青,大蒸甑(图 3-3)一次可装五六十斤生叶。一般适用于中茶、二白茶与老茶婆杀青。

图 3-3 制作古法六堡茶常用的竹编甑

锅炒杀青：将茶叶放置锅内炒至极软。有经验的老茶农能通过手来感受锅温，以保证杀青在低温中进行，使后续工艺"后发酵"的酶得以保存。适用于茶谷、中茶与二白茶。

（二）沤堆与罨堆

沤堆与罨堆都是古法六堡茶工艺里重要的发酵环节。

沤堆，与罨堆的作用一样，也是为了使茶叶中的物质发生热化反应，破坏叶绿素，使多酚类物质缓慢氧化，糖类、蛋白质等物质叶发生分解。

"沤"，在粤语中是在湿润环境下长时间存放的意思。而"罨"，是短时间的存放。所以，沤堆时，同样是利用揉捻后茶叶自身析出的胶状物质进行发酵，但密闭性要求更高些，时间也会更长些。

沤堆制成后的茶叶，后续再进行焗堆或渥堆，最后才成为成品。广生祥的浓醇在杀青后的第一次发酵用的就是沤堆工艺。

（三）炊蒸

古法分类的六堡茶炊蒸工艺。

清朝时期是六堡茶运销史上的鼎盛时期，炊蒸工艺也在此时形成。为了降低茶叶运输空间和运输途中的损耗，茶商们将茶叶炊蒸变软，压箩晾置，同样的箩筐比原来多装4倍。

广生祥兴盛庄清末民初的茶票上也有"加工蒸制"的工艺介绍。

茶谷一般采用"两蒸两晾"，中茶、二白茶、老茶婆一般采用"多蒸多晾"。压制成砖的老茶婆——韵醇。

而后，茶商们发现，经过炊蒸的六堡茶口感更加醇厚，于是，炊蒸压箩晾置就成了炊蒸工艺。20世纪五六十年代，此工艺慢慢发展成为六堡茶的现代渥堆工艺。

第二节　现代六堡茶的加工

一、六堡茶初制加工

六堡茶因产于广西苍梧县六堡镇而得名，目前除苍梧县以外，贺州、横县、昭平等地也有生产。六堡茶的采摘标准为1芽2～3叶至4～5叶，采后保持新鲜，当天采当天付制。

六堡茶的加工工艺包括初制、精制两个过程。

初制加工工艺流程：鲜叶—杀青—初揉—堆焖—复揉—干燥—毛茶。

初制加工技术要求如下。

鲜叶：选用适制茶树品种芽叶为原料。

杀青：要均匀，杀青以叶质柔软，叶色转为暗绿色，青草气味基本消失为适度。

初揉：趁温揉捻至成条索。

堆焖：初揉结束后进行筑堆堆焖，当堆温达到55℃时，及时进行翻堆散热，当堆温降到30℃时再收拢筑堆，继续堆焖直到适度为止。

复揉：再次揉紧成条索。

干燥：干燥至茶叶含水分不超过15%，成为毛茶。

（一）杀青

六堡茶的杀青与绿茶杀青相同，但其特点是低温杀青。杀青方法有手工杀青和机械杀青两种。手工杀青采用60 cm的铁锅，锅温160℃，每锅投叶量5 kg左右。投叶后，先焖炒，后抖炒，然后抖焖结合，动作是先慢后快，做到老叶多焖少抖，嫩叶多抖少焖。炒至叶质柔软，叶色变为暗绿色，略有黏性，发出清香为适度，全程5～6 min。目前一般采用机器杀青。如果鲜叶过老或夏季高温干燥，可先喷少量清水再杀青。

1. 目的

杀青是利用高温钝化(抑制)鲜叶内酶活性,防止多酚类物质的酶促氧化,保持茶叶绿色的过程,是黑茶加工的关键工序,也是决定黑茶品质好坏的关键。杀青温度过低,叶片受热不足,叶温上升缓慢,不能在短时间内使酶蛋白变性凝固,相反还激发了酶的活性,使无色的茶多酚发生酶促氧化,迅速变成红色的氧化物,这就是杀青叶产生红梗红叶的根本原因;杀青温度高,固然能迅速钝化酶的活性,但温度过高对茶叶品质也不利,会使茶叶产生焦斑、爆点,尤其是嫩芽和叶缘易烧焦,这是产生烟焦茶的主要原因之一。杀青太嫩(时间过短),经揉捻后碎片多,外形条索差,香气带生青,滋味显涩口;杀青太老(时间长),揉捻后末茶多,成条困难,并易产生烟焦。杀青程度的掌握一般靠感官鉴定,当杀青叶达到手捏成团,稍有弹性,嫩梗不易折断;色泽墨绿,叶面失去光泽;叶减重率约 40%时为杀青适度。

杀青的目的:①利用高温破坏鲜叶中酶的活性,制止多酚类化合物的酶促氧化,防止红梗红叶,形成清汤绿叶的品质特征;②消除鲜叶的青臭气,显露黑茶的清香气;③蒸发部分水分,使叶质柔软,便于揉捻成条。

2. 原理

温度是影响酶活性的重要因素。研究表明,20℃时。酶活性开始加强,在一定范围内,温度每升高 10℃,酶活性增加1 倍;当温度升至 40～50℃时,酶的活性最强,酶促反应激烈;当温度超过 65℃时,酶活性开始明显下降;当温度达到 70℃以上时,大部分酶活性被破坏;当叶温升到 80℃时,几乎所有酶都在顷刻内就失去催化作用。因此,杀青是利用高温破坏酶活性的过程。

酶活性被破坏后是不会再生的,但杀青过程中如果温度不够,虽然能暂时抑制酶的活性,一旦高温解除,酶会部分恢复活性。因此,如果杀青不透,杀青叶在揉捻或干燥过程中,会发生红变的现象。

杀青过程中,杀青叶发生了一系列的化学变化。叶绿素 a、叶绿素 b 在鲜叶中的比例是 2∶1,经过杀青其含量和下降比例发生变化。叶绿素 b 的含量会略高于叶绿素 a,叶色由鲜绿转为暗绿;在高温作用下,鲜叶中带有青臭气的低沸点物质散失,高沸点的芳香物质逐渐显露;蛋白质、淀粉、原果胶物质部分水解,氨基酸、可溶性糖、水溶性果胶含量增加;茶多酚总量减少,其组成也发生变化,酯型儿茶素含量减少。简单儿茶素含量增加,有利于茶汤苦涩味的减少;维生素类物质在杀青过程中损失明显。

3. 杀青技术

影响杀青的因素主要是温度、时间、投叶量、鲜叶原料的质量和特征等,要达到杀青的目的,必须把握好这些因素及它们之间的辩证关系,杀青的三原则如下。

(1)高温杀青,先高后低　根据杀青的目的和要求,杀青就是制止酶促氧化作用。因此,在杀青中,要迅速使叶温达到80℃以上,以便尽快地破坏酶活性,这是杀青的第一个原则。但是,高温杀青并不是温度愈高愈好。温度过高,叶绿素破坏较多,使叶色泛黄,同时也会由于掌握不好,造成焦边焦叶;在杀青后期,当酶活性已被破坏,叶片水分已大量蒸发的情况下,锅温则应降低,防止烧焦芽叶。故此,在掌握高温杀青时,还必须做到先高后低,从而达到杀匀、杀透。在实际生产中,已多采用机械杀青。如使用煤或柴作为燃料的情况下,可采取增加投叶量、启闭炉门等措施,来适当调节锅温。六堡茶的杀青与绿茶杀青相同,但其特点是低温杀青。

(2)抛焖结合,多抛少焖　抛炒有利于散发水分和青草气,掌握得当,则叶色往往较为翠绿,但如果抛炒时间过长,则容易使芽叶断碎,甚至炒焦,也容易造成杀青不匀,甚至红梗红叶。焖炒主要是减少汽化热的损失,提高叶温,有利于迅速破坏酶的活性,但时间过长,则容易造成叶子变黄和产生水焖气。同时,由于芽叶各部位的水分含量和酶的活性是不相同的,顶芽和嫩茎含水量较高。酶活性也较强,在杀青时顶芽水分蒸发快,容易炒焦;而嫩茎水分蒸发慢,最易出现红变。故在杀青中,应注意

采用抛焖结合的方法，发挥二者的优点，取长补短。开始杀青时，因鲜叶温度较低，利用焖炒形成的高温蒸汽穿透力，使顶芽和嫩茎内部迅速升温，以克服抛炒中芽叶各个部位升温不一致的矛盾，随后进行抛炒，防止温度过高。产生湿热作用，引起芽叶黄变。这是防止顶芽炒焦断碎和产生红梗红叶的有效措施。

在生产实践中要灵活掌握，一是看锅温，如果锅温高，则应少焖多抛，锅温较低时，可适当提早焖炒，并适当延长焖炒时间，以免产生红梗红叶；二是看鲜叶质量，即根据鲜叶老嫩、软硬及含水量多少，随时增减抛炒、焖炒的时间或次数。如粗老而硬或含水量少的鲜叶，适当增加焖炒时间或次数，以免炒焦而降低品质；如鲜叶细嫩而软或含水量多，适当增加抛炒次数或时间，使水分及时蒸发，以免焖黄而降低品质。

（3）嫩叶老杀，老叶嫩杀　所谓老杀，是杀青时间适当长一点，水分蒸发适当多一点；所谓嫩杀，则相反。一般来说，嫩叶要老杀，是因嫩叶酶活性较强，水分含量较多，若不老杀，酶活性钝化往往不充分，容易产生泛红现象。同时会因杀青叶含水量过高，在揉捻中液汁易流失，加压时又易成糊状，芽叶易断碎。但粗老叶则相反，要嫩杀，因粗老叶含水量较少，纤维素含量较高，叶质粗硬，如果杀得过老，则容易产生焦边和焦斑，而且揉捻时难以成条。加压时又易断碎。无论嫩叶老杀或老叶嫩杀，都要掌握好老杀而不焦，嫩杀而不老，杀匀杀透。

（4）杀青方法　杀青方法有手工杀青和机械杀青两种。手工杀青采用 60 cm 的铁锅，锅温 160℃，每锅投叶量 5 kg 左右。投叶后，先焖炒，后抖炒，然后抖焖结合，动作是先慢后快，做到老叶多焖少抖，嫩叶多抖少焖。炒至叶质柔软，叶色变为暗绿色，略有黏性，发出清香为适度，全程 5～6 min。目前一般采用机器杀青。如果鲜叶过老或夏季高温干燥，可先喷少量清水再杀青。

（二）揉捻

六堡茶的揉捻以整形为主，细胞破碎为辅。因六堡茶要求耐泡，细胞破损率不宜太大，以 65％左右为宜。嫩叶揉捻前须进行短时摊晾，粗老叶则须趁热揉捻，以利于成条。投叶量以加压后占茶机揉桶容积 2/3 为好。揉捻采用轻、重、轻的原则，先揉 10 min 左右，进行解块筛分，再上机复揉 10～15 min。一般一二级茶约 40 min，三级以下茶 45～50 min。

1. 目的

揉捻是通过手工或机械力的搓揉，使杀青叶在外力的作用下卷曲成条，为塑造茶叶外形打下基础。

揉捻的目的：①卷紧茶条，缩小体积，为炒干成形打好基础；②适当揉破叶细胞组织，使部分茶汁挤出，黏附茶叶表面，以便沏茶时茶汁比较容易泡出又能耐冲泡。

2. 原理

揉捻对叶片的影响是物理作用大于化学作用。目前，我国茶叶加工除少量高档名优绿茶仍需手工揉捻外。揉捻已基本由揉捻机完成。揉捻机由揉盘台、揉桶、揉盖及传动装置等组成。茶叶在揉捻机中相对于揉盘中心做偏心回转运动。茶叶在揉桶中受浮式压盖加压和揉盘上棱骨的搓揉作用进行揉捻作业。因此除受揉盘台和揉盖两个平面的压力外，还受桶壁及芽叶之间的相互摩擦力作用。在各种力的综合作用下，茶叶揉捻成团，在桶内翻滚；叶片在力的作用下，沿叶片主脉发生皱褶、卷曲，并随着压力的增大和时间的延长。叶片皱褶增多，体积缩小，卷曲成条；同时，叶细胞组织在力的作用下发生破损，茶汁被挤压外出，有利于冲泡时进入茶汤。

在揉捻过程中杀青叶的化学变化不大，叶绿素稍有减少，叶绿素 a 的破坏大于叶绿素 b；多酚类化合物会随揉捻时间的延长自动氧化，总量略有下降；可溶性糖总量增加，还原糖减少，非还原糖增加，可溶性果胶、氨基酸有所增加。全氮量和咖啡碱有所减少。

3. 揉捻技术

揉捻解决的主要矛盾是外形问题，杀青叶通过揉捻在外形上要做到五要五不要：一要条索，不要叶片；二要圆条，不要扁

条;三要直条,不要弯条;四要紧条,不要松条;五要整条,不要碎条。另外。还要求叶色绿翠不泛黄,香气清高不低焖,要达到这些要求,必须考虑影响揉捻技术的各种因素。与揉捻有关的技术因子和影响因素主要是:揉捻叶的温度、投叶量的多少、加压的轻重和揉捻时间的长短。

(1)冷揉与热揉　冷揉是指杀青叶出锅后经摊晾,使叶温降到室温时再揉捻,它有利于保持茶叶的香气和色泽;热揉是指杀青叶不经摊晾趁热揉捻,它往往易使叶色变黄,并有水焖气。但有利于茶叶卷曲成条。

(2)投叶量　揉捻时投叶量的多少关系到揉捻的质量和工效。各种型号的揉捻机,都有一定的投叶量范围。如果投叶量过多,揉捻中由于叶团翻转冲击桶盖或由于离心力作用叶子被甩出桶外,甚至发生事故;同时由于摩擦力的增加,杀青叶在桶内发热,不仅影响外形,也影响内质;更重要的是由于杀青叶在揉桶内翻转困难,揉捻不均匀,不仅条索不紧,也会造成松散条和扁碎条多。投叶量过少,茶叶间相互带动力减弱,不易翻动,也起不到揉捻的良好作用,所以投叶必须适量。生产实践中,在不加压的情况下,投叶量以装满揉桶为度。

(3)揉捻时间与压力　压力的作用,主要是破坏一定的叶细胞组织,使内含物挤出附着于叶表,并把茶叶揉成紧、圆、直的条索。较嫩的芽叶茶汁容易外溢,揉捻中压力宜轻,时间宜短,否则,造成碎片多,茶条不整,滋味苦涩。粗老原料,叶质硬化,细胞较难破损,茶条不易卷曲,因而加压宜重,揉捻时间也要相应延长。

在揉捻过程中,不论原料老嫩,加压均应掌握轻、重、轻的原则。在揉捻开始阶段不加压,待揉叶略现条形,黏性增加时,根据叶子的老嫩,掌握压力的轻与重。一二级叶应以无压揉捻为主,中间适当加压;三级以下叶子适当重压,且取逐步加重法,即开始无压,继而轻压、中压,到重压最后又松压,如果加压过早或过重或一压到底,往往使条索扁碎和茶汁流失。

（4）揉捻方法 目前使用的揉捻机主要有55型和40型两种：前者为中型揉捻机，投叶量20～25 kg，后者为小型揉捻机，投叶量5 kg左右。中型揉捻机因投叶量多，可保持叶温，成条效果好，工作效率高。因此，一般初揉采用中型揉捻机，而复揉采用小型揉捻机。

使用揉捻机揉捻，无论初揉还是复揉都要遵循“轻—重—轻”的原则，但以松压和轻压为主，即采用“轻压、短时、慢揉”的方法。如揉捻过程中加重压，时间长，转速快，则会使叶肉叶脉分离，形成“丝瓜瓤”状，茎梗表皮剥脱，形成“脱皮梗”，而且大部分叶片并不会因重压而折叠成条，对品质并不利。据试验，初揉37 r/min左右为好，加轻压或中压，时间15 min左右。复揉时将渥堆适度的茶坯解块后再上机揉捻，揉捻方法与初揉相同，但加压更轻、时间更短，以10 min左右为好。

在使用揉捻机前，要清除揉盘、揉桶及机器上遗留的杂物，清洗工具，检查电源、电压，紧固螺钉，添加润滑油等，并进行空车试运转，观察运转是否正常。在揉捻机正常的情况下，启开加压盖，关闭出茶门，往揉桶中加入适量的杀青叶，关好加压盖，使盖进桶3 cm左右（十分重要）；启动揉捻机时要注意周围人员，开始揉捻时宜空压，然后逐步加压，直至茶叶揉捻达到要求，即可去压空揉1 min，起到松团、理条、吸附茶汁等作用，随后扣开出茶门出茶，卸完茶叶后停机；停机后清理机上留下的余叶，关好出茶门，即可进行第二次揉捻作业。

（三）渥堆

渥堆也是形成六堡茶独特品质的关键性工序。揉捻叶经解块后，立即进行渥堆，渥堆厚度视气温高低、湿度大小、叶质老嫩而定。气温低、叶质老、湿度小时，渥堆时间略长，反之，则较短。一般堆高33～50 cm，堆温控制在50℃左右，如超过60℃。要立即翻堆散热，以免烧堆变质。在渥堆过程中，要翻堆1～2次，将边上茶坯翻入中心，使渥堆均匀。渥堆时间视具体情况而定，一般为10～15 h。待叶色变为深黄带褐色，茶坯出现黏汁，发出特有的醇香，即为渥堆适度。二叶以上的嫩叶，揉捻后先经低温

烘至五六成干再进行渥堆，否则容易渥坏或馊酸。

1. 目的

黑茶渥堆，一是转色，在高温、高湿的条件下，茶叶内含物的自然氧化是黑茶转色的主要原因。二是各种微生物以茶叶为基质，在微生物的生长繁殖过程中，分泌大量的生物酶，如纤维素酶、淀粉酶、蛋白酶等水解酶类，以及其他氧化酶类，促进了茶叶内的大分子化合物的氧化、分解，也促进了黑茶的转色，形成了黑茶的色、香、味。

2. 原理

(1)黑茶渥堆的实质　黑茶在渥堆过程中，叶中的内含物质发生了一系列的深刻变化，在水分、温度和氧的综合作用下，引起叶中内含物质的相互转化，特别是多酚类化合物的自动氧化。而渥堆的实质有以下几种学说。

①酶作用学说。酶促作用引起内含物质的变化，主要是多酚氧化酶和过氧化物酶。多酚氧化酶在杀青中虽然遭到破坏，但过氧化物酶耐热性强，加上杀青时间短和投叶量多，酶促作用不可能遭受到彻底的破坏，残余酶就导致化学变化的加速和产生一定的产物，当然也就引起多酚化合物的氧化缩合。在杀青时基本破坏了酶促作用，多酶类的变化不是酶的催化作用居主导地位，主要在渥堆和烘焙 2 个过程中，由于湿热作用，多酶类化合物自动氧化的结果。

②微生物学说。意指渥堆过程中，微生物引起渥堆叶内含物质的变化。真菌类的微生物，如青霉菌、黑曲菌、青曲菌、黑根足菌等繁殖，而这些真菌类的微生物是具有氧化酶的特性，可代替多酚氧化酶的作用，有效地引起多酚类物质的变化。苏联学者发现，杀青叶中多酚氧化酶完全被破坏，但过氧化氢酶在渥堆中仍保持了 24.8％的活化，主要是上述几种微生物的作用。湖南安化茶叶试验场试验证明，渥堆过程过氧化氢酶的活化主要是微生物作用的结果。

③湿热作用学说。渥堆叶在含有一定水分、温度、氧化和适当筑紧的条件下，茶堆在长时间堆积紧实、供氧不足的条件下，

引起叶内可溶性物质复杂的化学变化，改变了在制品的色、香、味。糖类分解，蛋白质水解生成氨基酸，形成香味物质。由于多酚类化合物总量的减少，其中一些苦味物质也减少，降低了黑茶的苦涩味。渥堆时在湿热作用下，一方面叶绿素结构遭受破坏，在一定程度上减少或失去鲜叶原有的绿色而变成黄褐色；另一方面，多酚类化合物的氧化产生茶黄素和茶红素，叶色转为橙黄和褐红，显示出暗黄褐色。

渥堆的实质，既不能排除酶的作用，也不能排除微生物的作用，形成黑茶特有品质可能是上述 3 种作用综合的结果。

(2)黑茶加工中的微生物　黑茶制造过程中，微生物参与作用，这是其他茶类少见的。黑茶渥堆全过程明显分为 2 个阶段：渥堆前期，叶温缓缓下降，则主要是湿热条件下的热物理化学变化；后期叶温大幅度上升，微生物大量生长繁殖，却以微生物酶促作用为主，热物理化学变化为辅。湿热作用为微生物提供了条件；反过来，微生物呼吸放热，又促进了湿热作用。从时间来说，湿热作用贯穿全过程；就其作用而言，微生物酶促作用决定黑茶品质的形成。

微生物酶促作用决定黑茶品质的形成，它在渥堆过程中起着主导作用。整个渥堆过程，主要达到 2 个目标：一是使多酚类化合物氧化，除去部分涩味；二是使叶色由暗绿变成黄褐，成为黑茶固有的色泽。

(3)黑茶内含成分变化及代谢产物　黑茶渥堆过程较长，叶温由低到高，水分由高到低。这些温度和水分的变化对可溶性成分的变化有着积极的作用。鲜叶经高温杀青后，酶的活性已经被破坏，但在水热作用下，茶多酚的非酶性氧化仍在进行，氧化的途径有所改变，主要是湿热作用下发生的非酶促的自动氧化，其含量损失 20％～25％。多酚类化合物在渥堆过程中变化幅度较小，但没食子酸酯部分损失较多，而这部分具有较强收敛性及涩味。多酚类化合物的部分氧化，正是黑茶内质醇和不涩、汤色橙黄的基础。随着渥堆温度的升高，多酚类化合物氧化加剧。因此，渥堆温度不能过高，否则毛茶内质香低味淡，汤色红

暗;但温度也不能太低,如果渥堆温度太低,时间拉长,多酚类化合物氧化不足,势必导致汤色黄绿,香气带有青气和滋味的苦涩。

在渥堆过程中,有机酸的增加,pH 的改变,多酚氧化酶化合物的氧化作用不大,而过氧化氢酶分解碳水化合物的产物过氧化氢产生氧而氧化多酚类化合物。过氧化氢酶在渥堆过程中有所作用。

黑茶渥堆过程中,容易闻到一种具有酒糟和酸辣的气味,这是因茶堆紧实,在供氧不足的条件下,其内含物发生复杂的变化,如糖分解生成乙醇,具有酒糟香。糖的分解也可能产生各种有机酸,蛋白质水解生成氨基酸。有机酸大量积累,致使发出酸味。而辣味可能与酪氨酸和组氨酸有关,这 2 种氨基酸在腐败时能脱羧生成酪胺和组胺,酪胺与组胺是具辣味的。有机酸的酸味及其脱羧和氧化生成的醛、酮等物质而组成酸辣味。当嗅到茶坯具有酒糟香刺鼻和酸辣味时,渥堆则为适度。此外,在渥堆过程中,氨基酸含量有所增加,糖类也有变化,茶多酚氧化的中间产物邻醌与氨基酸结合产生一种香味物质,这些都对黑毛茶香味产生良好的影响。

黑茶的特有滋味主要是多酚类化合物的可溶性氧化产物。在渥堆中多酚类化合物总量减少,其中花青苷及其衍生物等都有所减少;可溶性的茶多酚类经过氧化作用后也有减少,从而降低了苦涩味。因此,黑茶鲜叶粗老的滋味转化为纯和,不涩、收敛性低于绿茶。

渥堆过程叶色变化最大,由绿色变为黄褐色,这与叶绿素的破坏有密切的关系。经杀青、揉捻、渥堆到干燥,叶绿素含量仅存 14%左右。叶绿素大量减少的主要原因是茶坯在水热作用下,叶绿素受高温高湿环境影响,易于裂解、脱镁转化。同时由于醇、醛类物质氧化产生酸,酸中的氢离子与叶绿素结构中的镁核发生取代作用,也在一定程度上使叶子失去绿色而变为黄褐色。另外,一些色素如胡萝卜素、叶黄素、花黄素和花青素等在初制过程中发生一定的变化,对茶汤和叶底色泽各有不同程度的影响。茶叶色泽的变化，除受上述各种色素变化的影响外，在渥堆中，茶多酚类化合物氧化产生茶黄素、茶红素和茶褐素，这些色素的形成，使叶色转变为橙黄和褐色，而显示出黄褐色。

3. 渥堆技术

(1)渥堆方式 黑茶的传统渥堆工艺分四次完成。第一次为杀青叶的渥堆，在杀青叶出锅后，趁热堆放，并把堆子扎紧，保持温度在50℃左右，茶堆的高度为1.5～1.7 m。如果杀青叶量小，可放入大型的木桶内进行渥堆，并且在渥堆叶上覆盖棕垫、麻袋等保温。渥堆的时间长短根据堆子的大小和天气状况而定，为6～12 h。如果堆子大，气温高，时间控制较短，反之亦然。第一次渥堆的目的是让梗叶分离，便于拣梗之后进入以后的加工程序。

第二次渥堆是在第一次蒸揉(蹈)以后，将蒸揉叶直接趁热倒堆，并扎(压)紧，其目的是形成黑茶的色、香、味。茶堆的高度、温度湿度同第一次渥堆一样，而时间一般为24～48 h，也要根据气温的高低、茶堆的大小和观测堆心温度的变化来确定，如果气温高、堆子大，渥堆转色就快，所需要的渥堆时间就短，反之所需时间就更长。

第三次至第四次渥堆是在第二次至第三次蒸揉以后进行的，同第二次渥堆的操作方式相同，目的是加深茶叶的转色程度，并使茶叶转色更加均匀。如果前三次渥堆转色不足，第四次就要延长渥堆时间来补充。

经过四次的渥堆，茶叶色泽棕褐油润，俗称“猪肝色”或“偷油婆色”，条索呈“鱼儿形”或“辣椒形”，香气纯正，带陈茶香，无青草气和土腥气，滋味醇和，无苦涩味，汤色褐红且亮，叶底均匀。

(2)渥堆方法 渥堆应有适宜的条件，渥堆要在背窗、洁净的地面或专用发酵池进行，避免阳光直射，室温在25℃以上，相对湿度在85%左右。初揉后的茶坯，不经解坯立即堆积起来，

上面加盖湿布等物，借以保温保湿。

(3)渥堆的程度　渥堆要保温保湿，茶堆就要适当筑紧。在常温(28～32℃)下堆积，一般需要12～20 h。手伸入堆内感觉发热，堆内温度升高至45℃左右，茶堆表面出现水珠，叶色黄褐，嗅到酸辣气和酒糟气，立即开堆解块复揉。开堆复揉，先揉堆内茶坯，外层茶坯继续渥堆，弥补表层茶坯渥堆的不足。

渥堆不足叶色黄绿，粗涩味重，渥堆过度则显泥滑，再经复揉，则叶内叶脉分离，形成“丝瓜瓤”，而且干茶色泽不润、香味淡薄、干燥烟熏也不能掩盖其馊酸气味，严重影响品质。

(四)复揉

经渥堆后的茶坯，有部分水分散失，条索回松，同时堆内堆外茶坯干湿不匀，通过复揉使茶汁互相浸润，干湿一致，使条索卷紧，以利干燥。复揉前最好热烘一下，用50～60℃的低温烘7～10 min，使茶坯受热回软，以利成条。复揉要轻压轻揉，使条索达到细紧为止，时间5～6 min。

1. 目的

复揉的目的是将渥堆过程中回松的茶条进一步揉紧和充分破坏叶细胞组织，挤出茶汁，增进茶汤浓度。

2. 方法

其方法是将渥堆适度的茶坯解块后上机复揉。压力较初揉稍小，时间一般为6～8 min。

3. 复揉程度

复揉适度是折叠条、泥鳅条分别在50%和30%以上。细胞组织破坏率叶片、茎梗分别在30%和60%以上，复揉适度时下机解决，及时干燥。

(五)干燥

六堡茶的干燥是在七星灶上采用松柴明火烘焙，分毛火和足火两次进行。毛火焙帘烘温为80～90℃，摊叶厚3～4 cm，每隔 5～6 min 翻 1 次，使茶坯受热均匀、干燥一致。打毛火时，开始火力要大，烘至五成干时，逐步减弱火力，以免烧焦；烘至六七成干时下焙，然后摊晾 20～30 min，再足火干燥。足火采用低温厚堆长烘，烘温为 50～60℃，摊叶厚 35～45 cm，时间 2～3 h，烘至含水量在 10%以下。

六堡茶干燥切忌以晒代烘，并忌用有异味的樟木、油松等烧柴或湿柴，以免影响品质。

1. 目的

各种茶叶制造的最后工艺都是干燥，干燥有 3 个目的：一是减少茶叶中的水分，使含水量最终降低至 6%左右，以保证茶叶在常温下能够储存一定的时间不会变质。二是造型和定型，茶叶的各种造型，除揉捻外，大多数茶叶的形状在干燥过程中形成和固定，比如炒青绿茶。三是形成和提高茶叶的品质，特别是对茶叶香气的形成至关重要。茶叶的干燥是一个渐进的过程，因此干燥既是一个茶叶失水的过程，又是一个品质形成的过程。在过去手工制茶的时代，有句名言曰：“烧火者为师”，说明温度是茶叶制造的关键因素，干燥过程中温度的高低控制茶叶失水的进程，同时促进茶叶滋味和香气的形成。在机械化制造普及的今天，干燥对茶叶香气的形成和提高仍然具有十分重要的作用。

干燥主要是通过加热散失茶叶中的水分，红茶、白茶的干燥还有利用高温钝化生物酶的作用，红茶在干燥过程中迅速将茶叶温度提高到 80℃以上，使茶叶内的各种生物酶失去活性，停止发酵的继续进行。干燥温度通常在 100～120℃，瓶炒机干燥和手工干燥的温度一般为 70～90℃。茶叶在进入干燥程序时往往含水量都比较高，随着温度的提高，茶叶内部的各种化合物的氧化、分解加剧，大分子物质在湿热作用下，不断分解，青草气味消失，不同类型茶叶的香味在干燥过程中逐渐形成。

2. 原理

茶坯的干燥速度，受内部水分扩散速度和表面汽化速度的影响，其干燥过程分为等速干燥阶段和减速干燥阶段。在等速干燥阶段，干燥机理属表面汽化的控制，相当于同条件下水的汽化速度，与茶叶含水量无关。随着茶坯含水量的减少，含水量为10%～20%时，内部扩散速度下降，内部扩散与表面汽化速度失去平衡。干燥进入降速干燥阶段，干燥机理属于内部扩散的控制，而内部扩散速度主要受叶温的影响，适当提高叶温可加快干燥进程。但如果温度太高。叶温上升急剧，容易导致茶叶高火焦茶。当干燥速度趋于零时(含水量 3%～5%)称平衡水分，此时叶温有一个明显急剧上升的过程，俗称“回火”，此时应及时结束干燥作业。

干燥过程中，茶叶在外力的作用下，茶条紧缩，外形得到进一步塑造，由于干燥方式不同，茶叶的外形各异。因此，控制干燥温度和作用力，将直接影响茶条的松紧、曲直、整碎、风味和色泽。

茶坯在干燥前期含水量较高，后期含水量下降，所以前期在湿热作用下物质的变化和后期干热作用下的变化有差异。在干燥过程中，可溶性糖、氨基酸总量有所下降，还原性糖与氨基酸发生美拉德反应而减少，在热作用下部分多糖裂解，非还原性糖有所增加，叶绿素被进一步破坏，含量减少 20%～25%，多酚类有所减少，咖啡碱略有增加。

此外，干燥过程中，温度可以消除水焖味、青草气等不良气味，使得茶叶香气进一步发展。同时，温度的掌控对茶叶香型的形成有很大影响，如高温下茶叶产生高火香，甚至会产生焦煳味；适当的高火茶叶产生熟香，俗称板栗香；低温下茶叶产生清香。因此，干燥进程中只有掌握好温度，才能获得较好的茶香。

3. 干燥技术

从干燥原理可知，干燥是在控制水分散失的同时，控制热化学反应的程度，炒青绿茶还要把干燥过程和做形结合起来，逐步形成外形的塑造。

目前绿茶的干燥要求分次进行，一般烘干采用2次，炒干采用2～3次，期间要进行摊凉。干燥时叶温上升，水分散失，摊凉时叶温下降，叶片内水分重新分配，叶质变软。这种方法即可使茶叶干透、干匀，又可避免高温焦茶。

影响茶叶干燥的因素主要有进风温度、投叶量和干燥时间。一般要求前期干燥温度要高，投叶量宜少，时间较短；后期干燥温度稍低，投叶量增加，时间稍长。而炒青绿茶要求做形，要掌握好各影响因素间的关系，失水与成型同步。即在降速阶段应逐步降温，控制干燥速度，延长炒制时间，才能做好外形。

二、六堡茶精制加工

（一）六堡茶精制加工工艺流程

精制加工工艺流程：毛茶—筛选—拼配—渥堆—汽蒸—压制成型—陈化—成品。

（二）六堡茶精制加工技术

1. 精制加工技术要求

筛选：将毛茶筛分、风选、拣梗。

拼配：按品质和等级要求进行分级拼配。

渥堆：根据茶叶等级和气候条件，进行渥堆发酵，适时翻堆散热，待叶色变褐，发出醇香即可。

汽蒸：渥堆适度，茶叶经蒸汽蒸软，形成散茶。

压制成型：趁热将散茶压成篓、砖、饼、沱等形状。

陈化：将茶叶置于清洁、阴凉、通风、无异杂味的环境内，待茶叶温度降至室温，茶叶含水量降至18%以下，先移至清洁、相对湿度在75%～90%、温度在23～28℃、无异杂味的环境（洞穴）中陈化，然后移至清洁、阴凉、干爽、无异杂味的仓库中陈化。陈化时间不少于180 d。

2. 六堡茶精制加工技术

六堡茶精制工艺流程按产品类型分为紧压传统工艺流程和散装工艺流程两种。紧压传统工艺加工工序为毛茶、筛分、拣

剔、拼配、初蒸渥堆、复蒸压篓、晾置陈化、检验出厂；散装工艺加工工序为毛茶、筛分、拣剔、渥堆、拼配装箱、产品出厂。以六堡茶紧压加工技术为例。

（1）筛分和拣剔　毛茶经过抖筛、圆筛和风选后，分别成为粗细、长短和轻重不同的各路机口茶，经拣剔，剔除不符合品质规格要求的梗片和非茶类的夹杂物，便成为待拼配的半成品茶。

（2）拼配　拼配是一项细致复杂的工作，既要考虑充分发挥原料的应有价值，又要符合产品质量水平，使各项因子都能符合国家标准样的规格要求。因此，要根据各路机口半成品茶的品质情况，确定升降拼和比例，合理搭配，拼配成各级的成品茶。

（3）初蒸渥堆　渥堆是精制六堡茶加工过程中一道关键工序。初制时，将揉捻后的茶叶渥堆，利用本身的湿热和微生物的作用，促进多酚类化合物的氧化和其他物质的转化，初步形成汤色红、味变醇的品质。但在精制过程中，还需进行初蒸渥堆，以促进内含物质的深度转化。级别不同，筑堆的厚度也不同，一般1～3级茶堆厚为0.6～0.8 m；4～5级堆厚约为1 m，堆宽为1～1.5 m。要将堆边踩压紧实，形成边紧里松，堆面加盖席片。经过50 h的渥堆，堆温可升到70～80℃，一旦温度超过80℃，就会烧坏茶叶。因此，当堆温升到58～60℃时，应及时翻堆散热，使堆温控制在40～50℃范围内，这样质量效果好。经7～10 d时间，茶叶色泽变为红褐或黑褐并发出醇香时，即可复蒸压篓陈化。

（4）复蒸压篓紧　压六堡茶是用竹篓盛装的。每篓分三次蒸压，茶叶以蒸软为适度，稍摊晾，即可入篓压实，掌握边紧中松，压完三层后加盖缝口，便可进仓晾置自然阴干陈化。

（5）晾置陈化　六堡茶品质要陈，用竹篓盛装储藏于干净、通风、阴凉的仓库内，让其自然阴干陈化，待来年运销。入仓初期，要注意观察仓内温、湿度的变化，以保持室内温度为28～34℃、相对湿度为85％为宜。如果过高或过低，要及时开启或关闭门窗，以防因高温而引起烧心或因湿度过大而发生霉烂变质。为保证品质优异，一般都储藏晾置半年以上。此时，便可见篓中茶叶间有许多金黄色的“金花”。

(6)检验出厂　完成晾置陈化的产品，经检验合格后即可出厂。

(三)精加工的目的、原则

1.精加工的目的

我国茶区广阔，气候、土壤条件不同，品种、采摘和初加工技术各异，毛茶品质规格非常复杂。通过精加工使产品规格统一，外形美观，净度提高，符合商品茶销售规格。概括地说，精加工的目的有以下4个方面。

(1)划分等级　毛茶往往是老嫩、粗细、长短、轻重不一，通过精加工，分类拼配，或上升下降处理，达到品质纯净，档次分明的目的。

(2)整饰外形　毛茶的形态十分复杂，有的紧直，有的弯曲，很不整齐。通过精加工处理，使粗细、轻重、整碎分别开来，然后再对照加工标准样进行拼配，成为各种花色，使之符合品质规格要求，达到增进外形美观的目的。

(3)汰除劣异　因采摘不规范或初加工技术不严格，毛茶中往往夹有老叶、茎梗、茶籽等，也常夹有一些非茶类物质，通过精加工，以除去劣质和杂物，提高纯净度。

(4)补火去水　由于毛茶干燥程度不一，水分含量有异，同时毛茶在贮藏和精加工过程中，也不免吸收空气中的水分。通过精加工去掉过多的水分，达到适度干燥，便于运输和贮藏。

2.精加工的原理、原则

毛茶的形态各异，归纳起来，有长短、粗细、厚薄、轻重之分。精加工中采用各种机械作业，就是解决毛茶外形的各种矛盾，划清品级。如采用平圆筛解决毛茶长短的矛盾，采用抖筛解决毛茶粗细的矛盾，采用滚切解决毛茶厚薄的矛盾，采用风选解决毛茶轻重的矛盾。然后在长短、粗细、厚薄、轻重基本一致的基础上，根据茶叶外形内质的相关性，通过分离与合并，达到划清品质规格的要求。这是毛茶加工的基本原理。在实际加工中应掌

握如下几个原则。

(1)减少重复工序,力求筛分简单　过多的筛分,不仅浪费工时,消耗动力,摩擦机具,而且影响茶叶外形色泽,增加粉末。

(2)提高正茶制率,降低副茶比例　在精加工中,应尽量避免不必要的切断、粉末的产生或副茶混入正茶,以免影响品质,降低经济价值。

(3)做好拼配工作,发挥经济价值　在毛茶加工中,必须对照加工标准样,进行拼配匀堆,使产品质量符合规格要求,而拼配匀堆的原则是以"外形定号,内质定档"。

总之,要减少损耗,提高正茶制率,缩短加工过程,充分发挥茶叶经济价值,这是各类毛茶精加工的基本原则。

3.精加工的基本作业

(1)毛茶补火　毛茶水分含量多少关系到筛分取料的难易和产品质量的保持,所以,在毛茶加工时,首先要解决是"生做"还是"熟做"。凡毛茶含水量在7%以下可采取"生做生取"。即毛茶和毛茶头均不需补火,直接筛分;毛茶水分含量7%~9%,可采取"生做熟取",即本身茶生做,含水量较高的头子茶复火熟做;毛茶含水量在9%以上者,加工前必须复火,称作"熟做"。

毛茶复火方法一般是采用烘干。烘干可以保持锋苗,减少断碎,提高制率和功效。但对粗松的绿毛茶宜采用炒干,以促进条索紧结,而加工眉茶的复火也应采用炒干,并用车色机上色。毛茶复火温度应根据级别、季节、气候和茶叶含水量等因素灵活掌握,原则上是高级毛茶温度稍低,低级毛茶温度稍高。

(2)筛分作业　筛分是毛茶加工的中心作业,其目的主要是筛分茶叶的长短和粗细。

分长短:区分茶叶长短主要采用平面圆筛机,茶叶在回转的筛面上做左右回转、来回摆动和旋转跳动,并沿筛面向前滑动,使茶叶通过不同的筛孔,从而把不同长度的茶条分离。茶坯分长短,一般要经过三四次圆筛,第一次圆筛称分筛,以后各次称撩筛或捞筛。撩筛按先后又分别称毛撩和净撩。

分筛的作用主要是分别茶坯的长短或大小,也是各筛孔茶定名的阶段。通过 4～10 孔的茶数量最多，质量也较好。12 孔以下的茶叶平面圆筛机茶过于细碎，24 孔以下的是茶末和茶灰。分筛后，茶叶按筛孔定名，如通过 4 孔的称 4 孔茶或 4 号茶，通过 5 孔的称 5 孔茶或 5 号茶，依此类推。

撩筛圆周转动比分筛大些。撩筛的作用是将各筛号茶中过长的茶叶捞出，同时也将过短的茶叶筛出，使各筛孔的长短或大小进一步匀齐，以利于下续工序风选或机拣的进行。因此撩筛作业常被称为"撩头挫脚"。为有利撩净筛号茶中过长的茶条和梗子，撩筛的筛孔常较筛号茶筛孔大 0.5～1 孔，撩头逐孔上并。

分粗细：区分茶叶的粗细主要用抖筛机。抖筛机做前后往复运动，同时筛面又做上下抖动，茶叶在筛面上跳动而形成垂直状态，直径小于筛孔的茶条垂直下落，通过不同的筛孔，从而把不同粗细的茶叶分离。

茶坯分粗细，一般要经过二三次抖筛。第一次称抖筛或毛抖，第二次称前紧门，第三次称后紧门。如只抖两次，则第二次称紧门筛。

茶坯通过抖筛，可使长形茶分粗细，圆形茶分长圆，并能解拆茶坯团块，具有初步划分等级的作用，所以通过抖筛的茶坯即可分别定级，叫某级几孔茶。各种茶类各级茶的紧门都有统一的规定，抖筛前紧门的筛孔比紧门筛大 0.5～1 孔，以做到逐次分层。抖筛面粗大的称抖头，抖筛底细长的称抖筋，另行处理。因此，抖筛作业常被称为"抖头抽筋"或"套头抽筋"。

(3)风选作业　风选的主要目的是分清茶叶轻重，除去茶叶内的沙石、黄片和其他杂物。

整理茶叶形状和淘汰劣异，虽然以筛分为主，但是各花色轻重力求一致，筛分是难以做到的，而风选则能把茶叶按轻重分成几个不同等级。重实的茶并入高一级的相同筛号茶，过轻的并入低一级的相同筛号茶，使已经抖筛定级的筛号茶更加纯净。因此，风选作业是茶叶定级的主要阶段。

区分茶叶轻重有吸风式或送风式两种风选机。其工作原理一致，一般有 5～8 个出茶口，不论出茶口多少，总的要求是将各筛号茶又分为“正口”“子口”“次子口”等花色。正口为条索紧细的茶叶，品质好；子口为半轻半重的茶；次子口含有较多的毛筋、黄片和其他杂物。通常要经过两次风选才能把茶叶轻重分清。第一次风选称剖扇，把茶叶分成几个等级，风选后的片茶另行处理；第二次风选称清风，进一步分清级别，并将烘炒后增加的片、末吹净。

风选时风力大小的确定，也要因茶而异，一般粗茶风力宜大。细茶风力宜小；对头子茶和梗杂含量多的茶叶宜先风选后切，便于清除轻片梗杂。同时，风选要置备活动隔沙板进行调节隔沙，使沙石和茶叶分开。

（4）拣剔作业　拣剔作业的目的是拣剔梗杂，整齐形状。毛茶在精加工中所含的茎梗、茶籽、夹杂物由筛分、风选难以除去，通过拣剔，则可提高成品茶的净度。在拣剔过程中，绿茶比红茶繁杂，毛拣比精拣简单，高级茶比低级茶多，下档茶比上档茶少。毛拣对象为粗叶、老叶、长梗，精拣对象依茶类、筛号和次序不同而异。

拣剔方法有手拣和机拣两种。手工拣剔仍是目前去杂的重要手段，在制茶成本中占很大比例。目前我国茶厂使用的拣剔机械主要是阶梯式拣梗机和静电拣梗机。

阶梯式拣梗机的工作原理是利用茶叶、茶梗形态不同，流动性差异，而把梗与叶分离。茶梗较长且圆直平滑，流动性大，能顺着拣梗机上的直槽并跨过槽沟，滑动到底流入梗箱。茶条则弯曲粗糙，流动性小，通不过槽沟而下落与茶梗分离。同时，这种拣梗机在拣梗时。细长茶叶也混入茶梗中，所以也具有分长短的作用。在操作中一要控制茶叶流量。以付拣茶在拣槽内能形成直线滑行为适度，切忌流量过大，否则茶梗不能有效分离；二要合理调节拣槽槽板与滚辊的距离，并与拣槽斜度和振动力大小相结合，以拣净茶梗为主。掌握先宽后窄，每层间隙宽度逐渐缩小，并要掌握拣床下茶口档的疏密，适当调节拣床振动。上段茶宜大，中段茶宜小，以提高拣剔质量和工作效率。

静电拣梗机根据静电分离的原理，把茶叶与茶梗分开。由于茶叶、茶梗的含水量和结构不同，对电的感应量也不同。当通过强电场时，梗和叶的分子感应的电荷由于表面传导率不同而有显著差异，可使茶叶、茶梗分开。以达到拣梗的目的。

经过机拣和电拣的茶叶，若净度仍未达到品质要求，则需用手工辅助。

(5)轧切作业　轧切作业的目的主要是将不能通过规定筛孔的粗大茶条或拣头茶、筋梗茶等进行轧切后再行筛分。

毛茶中有些外形粗大、弯曲、折叠或枝叶相连的茶叶通不过筛孔，需经过轧切后再行筛分，使大的轧小。长的轧短，外形规格符合各级成品茶的要求。轧切不仅对正茶率起决定性作用，而且对品质的影响也很大，轧切机的型号较多，性能各异，主要有以下几种。

①滚动式切茶机，又称滚切机，兼有切断和轧细的作用。一般用于轧切毛茶头的长身茶，常与抖筛机和圆筛机联装，反复筛切。

②圆片式切茶机，简称圆切机，有压碎和轧细的作用，能切粗大茶头，也能切子口茶，因它不能挤断韧性较大的茶梗，因此主要用来轧切筋梗茶和碎片茶，然后筛分，梗和茶容易分离。

③锯齿式切茶机简称齿切机，多用于切碎短秃茶头和轻片茶，一般与抖筛机联装，边切边抖。

④螺旋式切茶机简称螺切机。其功用近似滚切机，主要用于轧断和挤断条形茶。

轧切茶叶会增加碎末，影响制率。操作技术上应尽可能利用各种筛分，除净不应切断的茶条，减少上切数量。轧切时，首先要正确选配轧切机具；其次是宜“松口多切”，放大切口距离，先松后紧，反复切抖。

4. 分路加工

由于毛茶外形复杂，为了便于分级取料，不仅要分料(级)付制，而且在同一批原料的精加工中常根据毛茶的形状不同，实行分路加工，即分为本身、长身、圆身、轻身四路以及筋梗路来加工，这种加工也称四路做法。有些茶类把圆身路和长身路合并加工，有的甚至简化为本身和轻身两路做法。有的茶类轻身茶不单独加工。

(1)本身路　本身路的茶是直接通过滚圆筛或抖筛，其大小长短都符合标准，未经轧切的细嫩紧结的茶，其条索、颗粒紧实，锋苗好，香高味浓，叶底嫩匀。大部分符合主级成品茶的品质要求，少数品质好的还可能提级，做好本身茶是保证完成取料计划的关键。

(2)长身路　长身路的茶是从平圆筛、抖筛、捞筛等筛分出来的头子茶，粗细符合标准，而长度超过标准，经切短所取的长形茶叶。长身茶中含梗较多，处理的好坏，是提高付拣茶叶净度的关键。

(3)圆身路　圆身路的茶叶是各次抖筛的抖头和毛茶头，外形粗大，需经合理的轧切，筛分整形。由于毛茶头与抖头的外形差距较大，应分别切抖。做好圆身茶是减少碎片末茶，提高精加工率的关键。

(4)轻身路　轻身茶包括本身、长身、圆身各路茶叶经风扇后的各孔子口茶。它身骨轻飘，但常夹有细嫩芽叶，由于来路不明，数量零星，加工比较复杂。

(5)筋梗路　筋梗路包括第一次抖筛取出的毛筋梗，经撩筛、风选后再抖出的净筋梗，以及机拣、电拣的拣头。其特点是筛号多，数量少，净度差，但茶细长弯曲，嫩度好，应采取精工细做，把细嫩芽叶取出。

5. 拼配匀堆

成品拼配匀堆与装箱是茶叶精加工的最后一道工序。毛茶经筛分、切细、风选、拣剔等一系列加工处理后，分出大小、长短、粗细、轻重等不同筛号茶，称为半成品。成品拼配的目的是根据各级成品标准样，把各种外形和内质不同的筛号茶，按照相应的比例进行拼配，使各种不同品质的筛号茶能取长补短，相互调剂，达到各级成品都能符合出厂要求，避免外形内质忽高忽低的现象。成品拼配的两大原则：一是保证产品合格和保持品质的相对稳定；二是要加强经济核算，严防走料，充分发挥茶叶的最高经济价值，提高效益。

成品拼配是一项细致而复杂的工作，技术性强，应掌握好拼配的技术要领，即“一大诀窍”“二个看准”“三个有数”“四个掌握”“五点注意”。拼配的诀窍是“扬长避短，显优隐次，高低平衡”。拼配必须对样，对样方法是两个看准，即看准标准样和参考样。拼配前一定做到三个有数，即对半成品的原料来源有数，对半成品的质量情况有数，对半成品的数量有数。拼配中的四个掌握，要掌握基准茶、调剂茶、拼带茶的品质关系和拼配比例；要掌握各种品质缺陷的纠正技术；要掌握传统规格；要掌握“以高带低”，缩小离样幅度。拼配中的五点注意：注意扦准半成品小样；注意留有余地；注意及时扦取大样核对；注意快出成品，减少库存；注意相关部门和客户的验收意见。

各级成品茶的拼配，各孔筛号大致都有一定比例，但并不是绝对，主要是拼配后各级成品茶的外形和内质都能符合标准样要求。拼配的基本方法是先按比例反复试拼小样。具体作业是分别扦取具有代表性的样茶 250 g 左右，用标签注明花色级别、名称、数量，按成品花色分类，然后逐个鉴评其外形内质，用鉴评单登记，计算可拼花色的总量和各花色所占比例，按比例充分拌匀拼成小样 500 g 左右。小样拼好后，对照标准样档级进行审评，根据审评结果，如发现某项因子高于或低于标准样，则进行适当调整。如外形面装茶较粗松。则减少 4 孔茶、5 孔茶的比例；如下段茶较细碎，则减少 12 孔以下的筛号茶，反之亦然。如内质较高，则拼入低档筛号茶，反之则拼入高档筛号茶，使外形和内质都符合标准为止。拼妥后，标明应拼花色名称、级别、数量，交车间匀堆。

确定拼配方案后，即可将方案交车间实施拼配。拼配过程首先是匀堆，又称打堆，其目的是把应拼的各个筛号茶按拼配方案均匀拼合，形成成品茶。匀堆要严格按照拼配方案进行，匀堆后成品茶要求品质一致。

匀堆前，对未经拣剔的花色，如水分含量较高，应先复火至含水量 4%～6%。已拣花色经过了复火，如贮藏不善或时间过

久,水分超过 6%,也应再行复火。如所拼堆数量大,当天不能装完,或阴雨潮湿天拼堆,最好先拼冷堆,再进行复火清风后装箱。

如果人工拼堆,则要打扫干净拼堆场所,准备拼配器具。在拼堆时,先将体形较大的筛号茶铺在底层,以后各筛号茶粗细相间,一层一层地铺上,每铺一层,用器具整平后再铺另一层。开堆时,宜从大堆顶部垂直到底,每次 10 cm 左右,反复 2～3 次,使茶叶上下均匀,以保障包装茶品质均匀。

目前,各大型茶厂已采用行车式匀堆装箱机,设备由多口进茶斗、输送带、行车、拼合斗和装箱机等部分组成,所拼茶叶效率高,拼配均匀,质量好。

6. 装箱印唛

装箱时必须克服短秤或超重,或同批同号净重不一等现象。装好箱后,即刷上唛头。茶叶装箱唛头采用汉字和阿拉伯数字组成代号标志。组成方式为汉字代号列于数字代号之首,要求字迹清晰,便于运输、中转、仓储、验收结算中清查。

装箱印唛后,置于干燥地方,堆放整齐,待运出厂。

第三节　六堡茶加工机械

一、现代茶加工机械

(一)杀青机

1. 锅式杀青机

锅式杀青机有单锅、双锅、二锅连续和三锅连续四种机型,均由炒叶锅腔、炒叶器、传动机构、机架及炉灶等部分组成。

炒叶锅锅口直径有 800 mm(俗称 80 锅)和 840 mm(俗称 84 锅)两种,锅深分别为 280 mm 和 340 mm,相应的球半径分别为 425.7 mm 和 429.4 mm。锅口上方设有倒锥形炒叶腔(腔的上口径 960～980 mm),腔高 600 mm 左右,其作用是防止茶叶向外抛出和使腔内保持一定的温度。炒叶腔备有顶盖(竹编制品),焖杀阶段将顶盖盖上。

锅式杀青机炒手(炒叶器)有长齿形、短齿形和弧形板几种。齿形炒手起翻抛和抖散茶叶的作用,弧形板炒手用于扫起锅底茶叶和出茶清锅。每只锅各配一对长齿、一对短齿和一对弧形板炒手;齿形炒手与弧形板或成 90°安装或互成 60°安装。

单锅杀青机为单锅单灶结构,炒叶腔前壁设有出茶门,锅口与水平面成 5°前倾(前低后高)。杀青前期锅温以 430～460℃为宜。

双锅杀青机为两只单锅并列安装,两个炉灶并砌且共用一个烟囱,由一套传动机构带动两只锅的主轴。为便于两锅分别操作,减速箱出轴设有离合器。

两锅连续是两只锅呈一前一后安装的一种结构(三锅连续即在第二只锅后再加一只锅)。两锅之间有过茶门,后锅后腔壁设有出茶门。为方便茶叶转锅和出茶,锅口与水平面成后倾 5°安装。两锅连续是对机器不停歇运转而言,实际上投放鲜叶、茶叶转锅和出茶仍然是间歇作业。后锅温度一般在 350℃左右。

主轴转速:单锅和双锅杀青机 24～26 r/min;两锅连续杀青机前锅 26 r/min,后锅 24 r/min;三锅连续杀青机前、中、后锅分别为 28 r/min、23～24 r/min、17～18 r/min。

单锅杀青机产量低,三锅连续杀青机后锅温度不容易达到杀青要求(后锅作用不明显),故在生产中以双锅杀青机和两锅连续杀青机应用较为普遍。锅式杀青机适用于较小的生产规模。

图 3-4 所示为两锅连续杀青机结构示意图。图 3-5 所示为锅式杀青机三种炒手的结构尺寸。

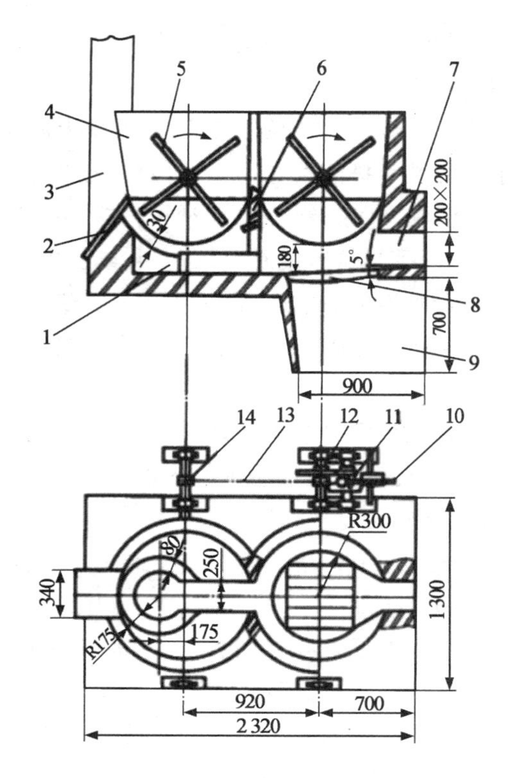

1. 第二锅炉膛;2. 出茶门滑板;3 烟囱;4. 炒叶腔;5 炒叶器;6. 转锅山头;

7. 炉口;8. 炉栅;9. 通风洞(灰坑);10. 离合器操纵杆;

11. 牙嵌离合器;12. 齿轮;13. 链条;14. 链轮

图 3-4　两锅连续杀青机结构示意图(单位:mm)

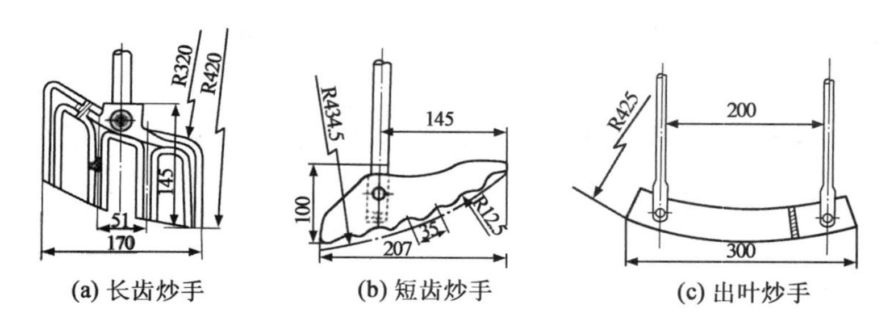

(a) 长齿炒手　(b) 短齿炒手　(c) 出叶炒手

图 3-5　锅式杀青机三种炒手(单位:mm)

来源:潘永康. 现代干燥技术[M]. 北京:化学工业出版社,1998.

2. 滚筒杀青机

(1)主要结构　滚筒杀青机的主要结构由上叶机构、筒体、排湿装置、传动机构和炉灶等部分组成(图 3-6)。

图 3-6　滚筒杀青机

上叶机构是一条倾角为 35°的橡胶输送带,鲜叶由其输送到转动的杀青筒体内。筒体为滚筒杀青机的主要工作部件,由 3～4 mm 的薄钢板卷制而成,筒长 3 000～4 000 mm,筒径有 600 mm、700 mm、800 mm 等多种规格。滚筒杀青机系列产品,采取以筒体直径厘米数作为型号标定的依据,其型号分别为 6CS-60 型、6CS-70 型、6CS-80 型等,如 6CS-70 型滚筒杀青机,即为筒体直径为 70 cm 的滚筒杀青机。筒体内焊有 5～6 根、高度为 50 mm 的螺旋导叶板,随着筒体的旋转,螺旋导叶板便会不断对鲜叶进行翻动推进,达到连续杀青之目的,鲜叶在筒内经历时间为 3～5 min。出叶排湿装置由出叶装置和排湿装置组成。排湿装置又由排湿管和排湿风机等组成。出叶装置用薄钢板焊成,一端接筒体出口,另一端装圆形门,可开启观察筒内杀青状况,出叶装置下面还设有排叶口,用于杀青叶的排出,上接排湿管。排湿装置的主要作用是及时排除筒体内鲜叶失水所产生的蒸汽,改善筒体内的通气性能,防止杀青叶焖黄和产生水焖气,保持杀青叶良好的色泽和品质。

滚筒杀青机的传动机构,多采用摩擦轮传动方式。即动力由电动机传动无级变速装置,再经皮带传动传递至安装在同一

支轴上的两只链轮上，分别由链条带动主动托轮轴从而使主动托轮(摩擦轮)旋转，在摩擦力的作用下，带动筒体旋转，筒体转速为 28 r/min。为了防止筒体跳动，还装有两只压轮，同时出茶端也装有 2 只托轮，用于支承筒体。炉灶由炉膛、烟囱和进风洞等组成，使用的燃料有煤、柴、液化石油气、天然气、柴油和电等。整个筒体被包围在炉膛和烟道内，两端外露长度各为 15 cm 左右，保证筒体有尽可能的长度受热，以避免两端冷区粘叶，并充分利用炉灶热量。根据场地条件，炉门、通风洞可设在正面，也可以设在反面，一般 1 台机器设 1 个炉门，有的地区在使用滚筒杀青机时，为提高滚筒后部温度，设置 2 个烧火炉门。这样虽能提高后部筒体温度，但两个炉膛产生的气流会有干扰，稍有不当，后部筒温会过高。实践表明，只要能正确设计和砌筑炉灶，并且合理操作，采用 1 个烧火口是能满足工艺要求的。

(2)工作原理　通过炉灶内的燃料燃烧对筒体加热，当鲜叶由上叶输送带送入已被加热的转动筒体内，在半封闭状态下直接吸收热量，使叶温迅速升高，并在螺旋导叶板的作用下，一边翻动、一边前进，叶内的水分则不断汽化，酶的活性同时被迅速钝化，使杀青叶保持翠绿并达到杀青目的，最后从出口端排出，完成杀青作业。

(3)使用技术　滚筒杀青机作业前，应检查所有传动部件、紧固件，使之处于完好状态，并对各润滑点加注润滑油。作空机运转，及时排除不正常情况，并清扫和排除筒内的残叶。

滚筒杀青机作业时，首先开机使筒体转动，再行生火烧旺炉灶，这样可使筒体受热均匀，防止变形。当筒体温度达到杀青温度，看到筒内稍有火星跳跃，即可开动上叶输送带上叶，开始上叶要适当多一些，以免产生焦叶。待杀青叶已开始在滚筒出口端排出，开动排湿风机排湿，使筒内水蒸气排出。作业过程中要随时检查杀青叶质量，并根据杀青适度状况随时调整投叶量，投叶量可以用上叶输送带上的匀叶器高低进行控制。杀青作业结束前 15 min 要停止向炉膛内加燃料，以免产生焦叶。为了防止筒体变形，杀青结束后，首先要将炉膛内的全部残余燃料和灰渣清出，并且筒体还要继续转动15 min再行关机。

(4)机器特点　滚筒杀青机的生产率高，作业连续，如6CS-70型滚筒杀青机，台时产量可达300 kg左右(鲜叶)，正常操作，杀青叶色泽绿翠，不会产生焦叶，并且操作方便，它不仅适合于较大规模茶厂的生产使用，并且以此种机型为基础进行小型化设计而形成的名茶滚筒杀青机，在我国的名茶生产中也获得最广泛的应用。

3. 蒸汽杀青机

蒸汽杀青机也是近年来茶区开发和应用的杀青机新机种。

日本蒸青绿茶产品，虽具有色绿、汤绿、叶绿、新鲜感强的特点。但其香气具有海藻气味，许多绿茶消费者不易接受。为此，20世纪90年代，国内有关科研部门，尝试使用日本蒸青机进行绿茶杀青，然后接上炒青绿茶干燥方式进行干燥，试图获得色泽鲜绿、香高味醇的新型绿茶产品。但由于使用日本现行的网筒式蒸青机进行蒸青，蒸青叶表面含水高，加之缺乏理想的脱水手段，很难顺利进入下一步的揉捻工序，无法实现与中国炒青绿茶干燥工艺的结合。为了克服上述不足，90年代后期，衢州上洋机械有限责任公司和杭州富阳茶叶机械总厂专门设计了一种网带式蒸汽杀青机，用于鲜叶蒸青，接着采用烘干机或滚筒杀青机脱水，然后进行揉捻、炒干或烘干。实验表明，所获得的茶产品，色泽绿，香气较独特，避免了传统茶所易形成的烟焦味，在一定程度上可消除夏、秋茶的苦涩。

(1)主要结构　网带式茶叶蒸汽杀青机的主要结构由上叶装置、杀青装置、脱水装置、冷却装置、蒸汽和热风发生炉等组成。

网带式茶叶蒸汽杀青机使用了一台同时能产生蒸汽和热风的微压蒸汽和热风发生炉，蒸汽用于鲜叶杀青，热风用于脱水。由于蒸汽对鲜叶穿透力强，可保证杀青匀透。因该发生炉采用了微压蒸汽设计，能使蒸汽适当过热，蒸青用蒸汽温度可达到130℃以上。杀青装置是一组用罩壳封闭的不锈钢网带装置，上叶装置送来的鲜叶，由不锈钢网带承接摊放并输送前进，由热风炉送来的高温蒸汽，可穿透网带上的鲜叶，从而实施蒸汽杀青。脱水装置也是一组封闭的不锈钢网带装置，下通热风，对网带上由杀青装置送来的蒸青叶进行脱水。冷却装置同样也是一组不锈钢网带装置，下通由风机送来的冷风，对由脱水装置送来的脱水叶进行冷却。

(2)使用技术　网带式茶叶蒸汽杀青机作业时，点火使蒸汽和热风发生炉对杀青装置和脱水装置分别供应蒸汽和热风，并开动冷却机的风机使其向冷却网带上吹冷风，当蒸汽和热风温度表上的指示数值均达到120℃以上时，开动上叶输送带上叶，由于杀青蒸汽温度很高，故在25 s左右时间内即完成杀青过程，杀青叶的含水率也较日本机型蒸青叶低，并且色泽绿翠。接着进入脱水装置进行热风脱水和冷风冷却，同样由于脱水热风温度较高，蒸青叶含水率便迅速降低到进行常规揉捻的60%～62%，并被冷却，完成蒸汽杀青工序。

(3)机器特点分析　由于用网带式茶叶蒸汽杀青机进行鲜叶杀青和脱水，蒸青叶含水率可达到常规揉捻要求的60%～62%，可顺利投入下一工序的揉捻，从而实现与中国茶后序工序的衔接。并且通过这种蒸汽杀青机的杀青，可消除传统绿茶杀青易产生的烟焦味，在一定程度上可减轻夏秋茶的苦涩味，成茶色泽也较绿。研制和推广初期认为，若进一步对机器进行完善并深入进行后续工艺研究配套，将很有希望替代现行中国绿茶的滚炒杀青形式，茶区不少地方引进试用。

然而，这种机型在绿茶加工中虽有长处，但在较大数量应用后，也发现了一些有待研究解决的问题。第一，这种机型蒸青，使用明显高于日本蒸青绿茶的杀青蒸汽温度，脱水也显著高于中国绿茶常用的烘干热风温度。虽然蒸青叶色泽翠绿、香气也较高，但后接中国绿茶工艺进行加工，揉捻和干燥过程中加工叶较易变黄，翠绿色泽很难保持，成茶色泽往往为深绿色或暗绿色，与中国传统高档绿茶所要求色泽翠绿相差较大；第二，蒸汽和热风的发生采用一台两者共用的蒸汽、热风发生炉，优点是节约设备费用和操作人手。但在同一台炉子上又供蒸汽、又供热风，两者很难协调，尤其是脱水热风温度很难掌握，往往造成脱水时干时湿，常出现脱水不足；第三，为了实现蒸青达到较高的温度，在蒸汽发生时，采用了微压过热设计，实际上系压力容器，但又未纳入压力容器管理。加上在作业过程中，为了追求炉子两用和较高蒸汽和热风温度，蒸汽、热风发生炉往往在过热状态下运行，寿命也较短。为此，云南和广西一些茶叶生产厂直接选用一台民用蒸汽锅炉和一台茶叶烘干机热风发生炉，为上述网带式蒸汽杀青机提供蒸汽和热风，不失为一种好方法。

（二）盘式茶叶揉捻机

1. 主要结构

盘式茶叶揉捻机的主要机构由揉盘与机架、揉桶与加压装置、传动机构等组成（图 3-7）。

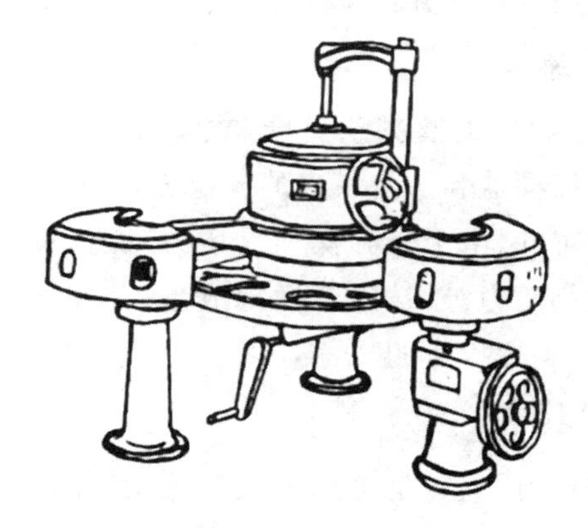

图 3-7　盘式茶叶揉捻机

来源：江用文. 中国茶产品加工[M]. 上海：上海科学技术出版社，2011.

揉盘是一个由边缘向中间逐渐下凹的铸铁圆盘，通常做成花盘形，上铺铜板、不锈钢板或木板，板上装有 12～20 根月牙形棱骨，用于增加揉搓力。揉盘的中心装有可供开启和关闭的出茶门。揉盘的上面装置揉桶，揉桶上装有揉桶盖，揉桶可由传动机构带动在揉盘上做平面转动，并与揉盘互相配合，完成揉捻作业。揉盘由 3 个支座支承，其中 1 个支座分为上下两节，上面 1 节兼作减速箱。3 个支承座同时也兼作机架，带动揉桶框架运

转的3只曲臂就装在3个支承座中的3根立轴上。

揉桶是装载揉捻叶的容器，它固定于揉桶框架上，由曲臂和三角框架带动运转。揉桶上部的揉桶盖装有加压装置，用以控制揉桶盖的上下位置，从而实现对揉捻叶的加压。揉桶用铜板或不锈钢板卷制而成。我国生产的揉捻机已形成系列，系列产品以其揉桶外径厘米数作为型号的标定依据，如6CR-55型揉捻机，即揉桶外径为55 cm的揉捻机。大宗茶加工常用的揉捻机型号有6CR-45型、6CR-55型和6CR-65型等。

揉捻机的传动机构，通常是电动机通过三角皮带传动将动力传向减速箱，由减速箱主轴带动主动曲臂旋转，从而使揉桶回转，揉桶的工作转速为48 r/min上下。揉捻机揉桶的旋转方向自上向下看，应是顺时针转动，绝对不允许反方向运行，否则将造成揉捻叶条索松散并产生跑茶，安装时应确认。

2.工作原理

作业时，揉桶内装满杀青叶，在电动机和传动机构的带动下，由揉桶、揉桶盖和揉盘组成的揉捻腔，在揉盘上做水平回转，揉桶内的加工叶，由于受到揉桶盖压力、揉盘反作用力、棱骨揉搓力及揉桶侧压力等，被逐渐揉捻成条，并使部分叶细胞破碎、茶汁外溢，达到揉捻目的。

3.使用技术

揉捻作业时，关键是掌握好投叶量、揉捻时间和加压轻重。六堡茶加工揉捻时，应按照揉捻机的不同型号适当确定投叶量，一般情况下，6CR-55型揉捻机每桶投叶量为杀青叶35 kg左右。投叶过多，叶团在揉桶内难于翻动，揉捻不均匀，甚至揉桶无法运转，影响揉捻质量；投叶过少，叶团同样也难于翻动，成条不好。揉捻作业时，加压轻重原则上应掌握“轻—重—轻”，并且加压时间要适当。加压过早过重，易形成扁条和碎茶。一般情况下，加工叶较嫩时，加压要轻；反之加工叶较粗老，加压适当要重。长炒青绿茶加工时的揉捻程度，一般嫩叶要求成条率达到80%～90%、粗老叶成条率在60%以上为适度，质量良好的揉捻叶要有茶汁黏附叶面，手摸有滑润黏手的感觉。

揉捻叶下机后，要立即进行解块干燥，切勿久放，以免叶色变黄，甚至由于加工叶原来杀青欠足，放置过久还会发红，尽快用高温进行干燥则可避免发生。

（三）筛分机械

筛分作业的目的是将毛茶分出长短粗细（条形茶）或大小（圆形茶、颗粒茶），并筛去茶末，使外形整齐，符合规格；同时，筛出粗大茶，以便切细后再进行筛分。因此，筛分机械是整理加工中最基本的机械。筛分机械包括圆筛机、抖筛机以及近代出现的旋转振动筛分机等。根据茶类不同，其结构形式及技术参数有所差异，但作用原理是相同或相似的，大多是参照我国手工筛茶的动作原理而设计、改进，逐步完善的。

各种筛分机械都离不开筛网。筛网有编织筛与冲孔筛两种：编织筛多用镀锌低碳钢丝编织而成，其孔眼是正方形的孔，因取材方便、制造简单，故采用较为普遍，但其缺点为筛孔的对角线比底边长 41%，故筛分的均匀度较差；冲孔筛的孔眼是圆孔，筛分的均匀度较好，但有效面积小、成本高，故很少采用。

茶叶界习惯上把编织筛筛网的目数（孔/英寸）作为筛号，通过该筛号而未通过小一号筛号的茶叶叫作该筛号的筛号茶，如 4 目的筛网，就叫 4 孔筛，4 孔筛筛下而未通过 5 孔筛的茶就称为 4 孔茶。

1. 平面圆筛机

平面圆筛机用于茶叶的分筛和撩筛作业。

分筛是整理的主要作业之一。毛茶经复火后一般先经过平面圆筛机分筛使条形茶分出长短，圆形茶分出大小，便于分路加工。撩筛是进一步把不符合要求的长茶或粗大颗粒撩出；同时也把不符合要求的短小茶筛出，使各档筛号茶的长短或大小进一步匀齐。

（1）平面圆筛机的工作原理　平面圆筛机的筛床作质点轨迹为圆的水平平面运动。待筛分的茶叶由升运装置送入筛床中最上面一层筛网上，随着筛床的运动迅速散开，平铺布满于筛网上。同时，由于惯性的作用，产生茶叶与筛面的相对滑动，长短

(或大小)尺寸小于筛孔尺寸的茶叶即通过筛孔下落,落到下一层筛网上,继续筛分。由于筛网有微倾的倾角,留在筛面的那部分茶叶沿筛面逐渐从高处滑至低处,集中到出茶口处出茶。这样,自上而下依次通过几层筛孔由小到大的筛网,便可将茶叶分出数档长短(或大小),分别从各个出茶口流出,达到分筛的目的。

从上述工作原理可知,平面圆筛机工作时,要求筛面上的茶叶只有滑动而不能跳动。如果有跳动产生,则茶叶就可能因跳起垂直从筛孔中穿出,使长的不该通过筛孔的茶叶通过筛孔而造成误筛,影响筛分质量。因此,在设计平面圆筛机时,充分考虑运转的平稳性是至关重要的。

除平面圆筛机外,分筛作业也可使用滚筒圆筛机。其工作原理为:微倾的滚筒筛旋转,茶叶从上端进入滚筒筛后随滚筒筛旋转,带到一定高度时,向下散落或沿筛网滑下,小于筛孔的茶叶便通过筛孔下落,不能穿过筛孔的茶叶随滚筒筛旋转前进。由于筛孔的规格沿轴向由小到大排列,故可继续筛分,直至不能通过筛孔的粗大茶叶由滚筒末端流出。

这种圆筛机的分筛质量不及平面圆筛机,一般用于粗分。

(2)平面圆筛机的结构介绍　平面圆筛机的典型结构如图 3-8 所示,由机架、筛床座、筛床、传动机构、茶叶升运装置等组成。

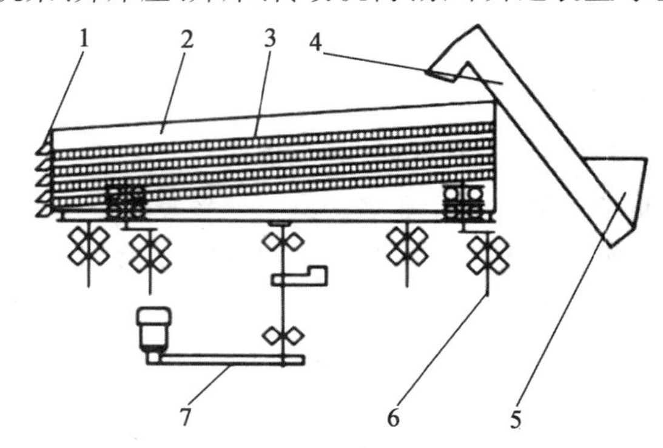

1. 出茶口;2. 筛床架;3. 筛床;4. 茶叶升运装置

5. 接茶斗;6. 从动机构;7. 主动机构

图 3-8　平面圆筛机示意图

来源:江用文. 中国茶产品加工[M]. 上海:上海科学技术出版社,2011.

机架即机器的底座,一般由铸铁浇注而成,也有用型钢焊接的。机架应稳固,才能使筛床运转平稳,茶叶在筛面上滑动而无跳动,筛分效果好。机架一端设有电动机座,用以安装电动机。

筛床座通常由槽钢焊接而成,筛床安装在筛床座上,由筛床座带动筛床一起运动。

筛床由四面墙板围成,内装四面不同筛孔的筛网。筛床后侧为弹性压紧门,用以压紧筛网。筛网有6.5°(用以条形茶)或5°(用于圆形茶)的倾角。分筛出来的茶叶分别由五个出茶口出茶,各出茶口的挡板处都有橡皮垫,以防止漏茶。

筛网由镀锌铁丝网和矩形木框架构成。一台圆筛机需要配备多少筛网,视各茶厂加工工艺要求而定,一般茶机厂出厂均配筛网10余面,筛孔规格为3孔、4孔、5孔、6孔、7孔、8孔、10孔、12孔、16孔、18孔、20孔、24孔、32孔、40孔、60孔、80孔等,可根据不同作业的需要,随时更换筛网。待筛分的茶叶,在制茶加入贮茶斗内由升运装置送入筛床中。

传动机构分为主动机构和从动机构两部分,主动机构由电动机、三角胶带传动、主动曲轴组成。主动曲轴下端的轴承座安装在机架上,上端的联结座用螺钉与筛床座连接,曲轴旋转带动筛床座与筛床运动。从动机构为四根从动曲轴,上端与筛床座四角支座相连,下端与机架上轴承座相连,当主动曲轴转动时,从动曲轴随之一起转动。由于从动曲轴的偏心距与主动曲轴的偏心距相同,故平面圆筛机的运动实质为一平行四连杆机构运动,筛床相当于连杆,筛床上任一质点均作轨迹为圆的平面运动。

曲轴的偏心距一般为38 mm(圆形茶常用32 mm),回转速度有两种:180 r/min左右及220 r/min左右,前者用于分筛作业,后者用于撩筛作业,一般通过更换三角带轮的大小来变换速度。用于圆形茶的平面圆筛机,曲轴回转速度稍低。

升运装置是一个独立的辅机,既用于与平面圆筛机配套,又可用在抖筛机等其他机器上。它由贮茶斗、斗式输送带、下料斗、接茶斗、传动机构、电气开关箱等部分组成。也有底部装有行走轮的,便于移动。贮茶斗的进茶门可以调节,以控制进入输

送带的茶叶量。茶叶进入输送带上的小茶斗，由小茶斗带到顶部下料落到筛网上。输送带下端设有一抽斗式接茶斗，以贮存从输送带上漏下的茶叶（俗称回茶）。传动机构由电动机、减速齿轮、三角胶带传动或链传动组成。

（3）平面圆筛机的平衡设计　平面圆筛机的筛床部分既然座质点轨迹为圆的平面运动，且筛床与筛床座具有一定的质量，在运转时就必然产生很大的离心惯性力，离心惯性力的作用方向又是时刻变化的，使得平面圆筛机产生显著的振动，不仅机器振动，连厂房也会带来振动，并且噪声增大，甚至破坏工作性能。因此，通常均采用在曲轴上设置平衡块的方法以平衡筛床部分产生的离心惯性力，从而可以最大限度地降低整机的振动，既有利于提高筛分质量，又可不安装底脚螺栓直接使用。

为了设置合适的平衡块，首先要算出筛床部分离心惯性力的大小。根据动力学原理，作用于质心的离心惯性力的大小与筛床部分质量、曲轴偏心距及曲轴转速的平方成正比，方向则因质心做轨迹为圆的运动而随时变化。因此，要求设置的平衡块产生与离心惯性力的大小相等而方向始终相反的力，才能起到平衡离心惯性力的作用。即必须使筛床部分与平衡块各自的质径积（质量与质心回转半径的乘积）相等，才能使惯性力得到平衡，而与曲轴的转速无关，转速的变化不会破坏已取得的平衡。平衡块一般采用扇形，扇形块的圆周夹角取120°，材料采用铸铁。

（4）平面圆筛机的筛分质量指标及影响因素　平面圆筛机的机械性能，如转速、功率、振动、噪声等，均可通过仪器测定。而其制茶工艺性能，即筛分质量优劣的评定，过去均依靠有经验的制茶技师进行感官审评，即用肉眼观察、比较，故长期以来没有定量的性能指标。

《茶叶平面圆筛机技术条件》《茶叶平面圆筛机试验方法》两项专业标准的发布，基本解决了平面圆筛机的作业性能即筛分质量的评定问题。两项专业标准提出的茶叶平面圆筛机的筛分质量指标有两个：筛净率与误筛率。其定义分别如下。

筛净率：毛茶或在制叶经筛分机某面筛筛分后，筛上茶与筛上茶中所含能够通过该筛网的筛号茶质量之差与筛上茶质量之比，以百分数（%）表示。

误筛率：毛茶或在制叶经筛分机某面筛筛分后，筛号茶中所含的该筛筛上茶质量与筛号茶质量之比，以百分数（%）表示。

例如，200 g茶叶，其中应留在某面筛上的大形茶及应通过该筛的小形茶各为100 g，经该筛筛分后，筛上茶为103 g，筛下茶为97 g，筛上茶中含小形茶5 g，筛下茶中含大形茶2 g，则按照上述定义，可计算得出：

$$筛净率=(103-5)\div 103\times 100\%\approx 95.1\%$$

$$误筛率=2\div 97\times 100\%\approx 2.1\%$$

由此可见，筛净率与误筛率分别表示了毛茶或在制叶经筛分机某面筛筛分后筛上、筛下两路在制叶的筛分质量，筛净率反映了筛上茶的纯净程度，而误筛率反映了筛下茶的不纯净程度。

影响平面圆筛机质量的因素可分为两类，一类是机械技术参数，如曲轴转速、偏心距、筛网倾角、筛网紧张度、筛网有效筛分长度等；另一类是筛分工艺参数，如被筛分的毛茶或在制叶的组成情况、容量、喂入量及喂入的均匀性等。

在一定的工艺条件下，筛分时间越长，必然可提高筛净率，但同时将增大误筛率；喂入量过多，则必定降低筛净率，同时也降低误筛率。因此，确定合理的筛分时间及适当的喂入量，对平面圆筛机的筛分质量是相当重要的。

2.抖筛机

抖筛也是整理的主要作业之一。抖筛的目的，主要是使条形茶分出粗细（圆形茶分出长圆），并套去圆身茶头，抖去筋梗，使茶坯粗细和净度初步符合各级茶的规格要求。抖筛机就是根据这一作业要求而设计的。目前抖筛机主要有两种形式，一种是前后往复抖动式，一般即称为抖筛机；另一种是上下垂直振动式，称为振动抖筛机。抖筛机又有短抖筛与长抖筛之分；振动抖筛机又有电磁振动与机械振动两种不同的激振方式。

（1）往复式抖筛机　往复式抖筛机的筛床由曲轴和连杆带动而做往复运动，筛网与水平面有一定的倾斜角度使茶叶沿筛

面纵向前进，同时，借助于缓冲机构的弹簧钢板的弹力，使筛床不仅有前后往复抖动，而且有轻微的上下跳动，因而使筛网上的茶叶能直立起来，细小的垂直穿过筛孔，粗大的在筛面上向出口移动，从而分出茶叶的粗细（或长圆），起抖头抽筋作用。

往复式抖筛机一般由筛床、传动机构、缓冲机构和输送装置等部分组成。现以双层双筛抖筛机为例剖析抖筛机的结构状况（图 3-9）。

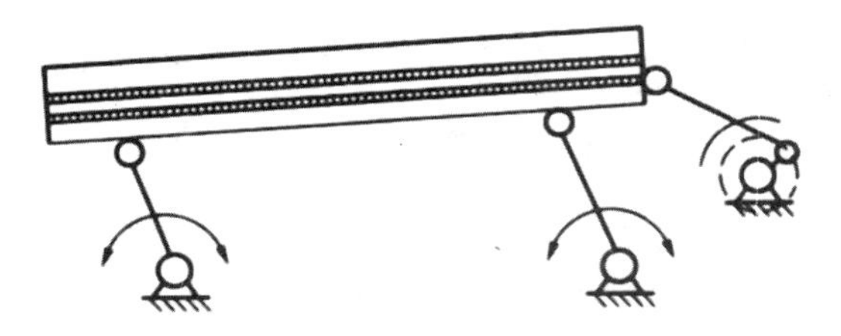

图 3-9 往复式抖筛机示意图

来源：江用文. 中国茶产品加工[M]. 上海：上海科学技术出版社，2011.

筛床分为上下两层，每一层筛床各可安置两面筛网，即每台机器共能安装四面筛网。筛床纵向倾斜，倾斜角度可借助于螺旋升降机构在 0°～5°范围内进行调节，以适应不同作业要求。上筛床进茶端与输送装置相衔接，进茶处可以贮存一定容积的茶叶，并设有滑门可以调节进入筛面的茶叶量。上筛床有两个出口及一只出茶抽斗，可按照制茶工艺的要求抽出或放入，以控制茶叶流向，抽斗抽出可使茶叶进入下层筛床，抽斗放入则直接出茶，下筛床为 3 个出茶口。

筛网的构造与平面圆筛机筛网相同，一般出厂配有 6 孔、7 孔、8 孔、10 孔、12 孔、14 孔、16 孔、18 孔筛网，用户可根据制茶工艺的需要组配，也可自行增加筛网的规格。筛网可在筛床的一侧横向装拆，以便根据制造工艺的不同要求调换不同规格的筛网。上、下筛床两侧均开有长槽，目的是便于在筛网底部刮筛，防止筛孔堵塞。

传动机构由机架、电动机、三角胶带传动、曲轴、连杆和飞轮组成。机架由铸铁浇注或型钢焊接而成，上设可调动电动机座，安装电动机。动力通过三角胶带传动至曲轴，曲轴的主轴承座安装在机架上，三个曲轴颈上套三根连杆，中间一根连杆联结一个筛床，两侧的两根连杆联结另一个筛床，因此曲轴转动时带动上、下筛床往复运动，且两筛床相位差180°，有利于工作平衡，连杆的两端制成螺纹，以便调节连杆长度。曲轴的一端装有飞轮，以贮存能量，使运动平稳。曲轴转速一般为250 r/min左右，偏心距为20～25 mm。

缓冲机构主要由弹簧钢板及铰链组成。每层筛床均由四根扁弹簧钢板支持，弹簧钢板下端固定在底座上，上端通过夹紧圈与铰链相联结并通过联结板连结筛床。在筛床前端的缓冲结构中，还设有升降丝杆，用来调节筛床的倾斜角度。当传动机构通过曲轴连杆带动筛床往复运动时，弹簧钢板来回摆动，由于弹簧钢板具有一定的弹性，故使筛床产生一定的上下抖动的效果。

输送装置与平面圆筛机的输送装置相同，是独立的辅助装置，置于抖筛机的进茶端。

(2)振动抖筛机　振动抖筛机由激振器、筛床、缓冲装置(弹簧)、机架等主要部分组成(图3-10)。

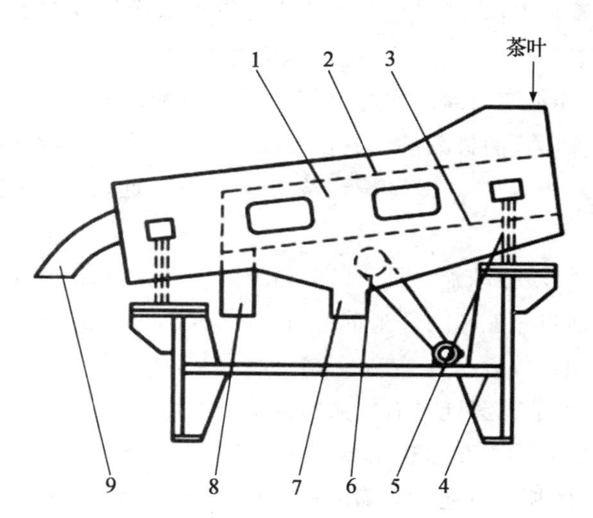

1.筛床；2.上筛面；3.下筛面；4.机架；5.缓冲弹簧；6.激振器；
7.筋梗出茶口；8.正茶出口茶口；9.头子茶出茶口

图3-10　振动抖筛机示意图

来源：江用文.中国茶产品加工[M].上海：上海科学技术出版社，2011.

激振器有电磁激振与机械激振两种，现有产品为机械激振式。它是利用偏心块的旋转为振源，使筛床上下振动，茶叶直立起来，穿过筛孔。振动频率为 15.5 Hz。激振力的作用线通过筛床的重心，使筛床工作稳定可靠。

筛床结构直接影响机子的工作性能，要求保证有足够的刚度，并尽可能减轻重量。筛网要求绷紧，如有松弛下陷，则影响筛分效果，甚至不能正常工作。

缓冲装置通常采用圆柱螺旋弹簧。

振动抖筛机的优点是结构简单、机架振动小，不用安装地脚螺栓。更主要的是这种抖筛机穿透性好，筛孔不易堵塞，可以做到基本上不用刮筛，既减轻了劳动强度，又减少了碎末茶的产生。此外，还有一种兼有往复式与激振式振动抖筛机特点的抖筛机，通常亦把它叫作振动抖筛机。它的传动机构亦为曲轴连杆机构，但转速较高，一般为 500 r/min 左右，而振幅较小，一般约为 16 mm。筛床水平放置，通过与水平面呈 12°～15°的两排钢板弹簧片支承在机架上，因此连杆带动筛床作接近于垂直振动的上下振动，同时又伴随着轻微的前后抖动，使茶叶既能上下跳动，又能沿筛面纵向前进，起到分出茶叶粗细的作用。

这种形式的抖筛机一般在筛网底部有筛网清扫器（自动刮筛机构），较适宜与其他精致茶机组合在一起，实现立体联装作业。

（3）旋转振动筛分机　以上两类筛分机械，筛床的动作均由电动机通过减速传动件来带动的，因此机器的构造比较复杂，金属材料消耗较大。同时，由于结构有限制，筛分茶叶时不可能采用较高的频率，只能具有较大的振幅。如增高振动频率，必然产生更大的惯性力和加速主要部件的磨损。此外，除振动抖筛机外，筛子的振动方向或与筛网平面平行，或与筛网平面成不大的倾角，所以生产率不可能很高，筛网 2 孔也容易堵塞。

20 世纪 70 年代后期，在国外茶叶生产中出现了应用高速振动技术的茶叶旋转振动筛分机，我国在 20 世纪 80 年代中期已研制成功。

旋转振动筛分机主要由机座、弹簧支承及机体组成(图 3-11)。

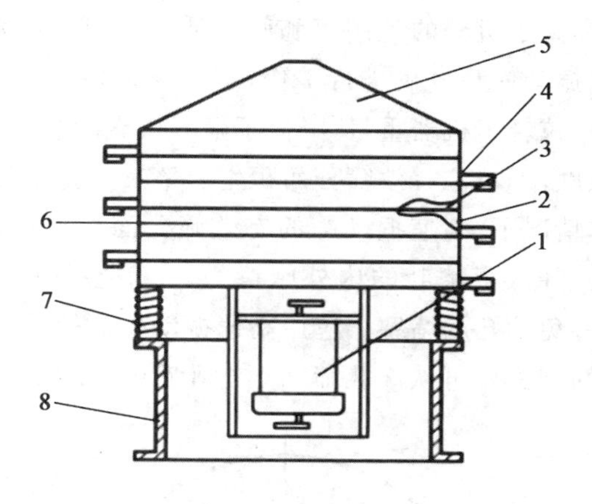

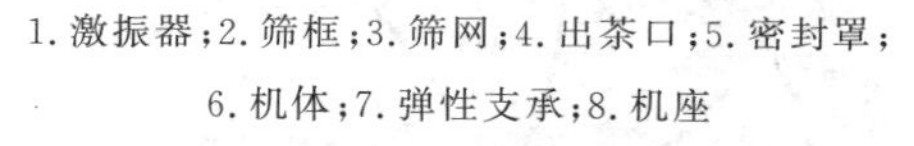
1. 激振器;2. 筛框;3. 筛网;4. 出茶口;5. 密封罩;
6. 机体;7. 弹性支承;8. 机座

图 3-11　旋转振动筛分机示意图

来源:江用文. 中国茶产品加工[M]. 上海:上海科学技术出版社,2011.

机座为一铸铁制成的圆筒,弹性支承为一组圆柱螺旋弹簧,置于机座的上端面沿圆周均匀分布,用来悬挂支承机体部分。机体由激振器、筛框、筛网、出茶口及密封罩等组成,轮廓呈圆筒形,激振器由一双出轴电机及出轴两端装的上下偏心块组成,偏心块的质量及偏心距均可调节,以获得所需的振动规律。

机器工作时,在激振器偏心块产生的离心惯性力即弹簧的作用下,机体产生有规律的振动。待筛分的茶叶经机体上端进料口喂入第 1 层筛网后,即随着机体的振动均匀分布于筛网上,并沿一定的轨迹向筛框边缘运动(图 3-18),达到筛分的目的。透过筛网孔的茶叶在下一层筛网上做同样运动,继续筛分。经分层筛分后,筛面茶及筛下茶分别从各层的出茶口排出。

改变激振器上下偏心块的质量及其水平投影夹角,可获得不同的运动轨迹。如其投影夹角为 0°～180°时,则可获得中心向边缘或由边缘向中心的轨迹为直线的运动规律,故利用这一特性,可用于其他需要直线运动轨迹的场合。

旋转振动筛分机具有以下特点：在高速振动（20 Hz以上）情况下，物体受到较剧烈的抖动，分离过程进行得较快和较充分，这就提高了机械的生产率和筛分质量。可直接利用电动机产生高速振动使筛分机进行工作，不需要采用一系列的传动件减速传动，减轻了机器重量，降低了筛分机械的能耗。具有较高的筛分强度，即单位有效筛分面积生产率较高。也就是说，在相同生产率情况下，高速振动筛的有效筛分面积要小得多。由于高速振动，降低了茶叶的内外摩擦力，使茶层的性能接近于流态，可以避免筛孔的堵塞。应用高速振动技术的筛分机械，适应性较广，筛网配置可从3孔筛到200孔筛（图3-12）。

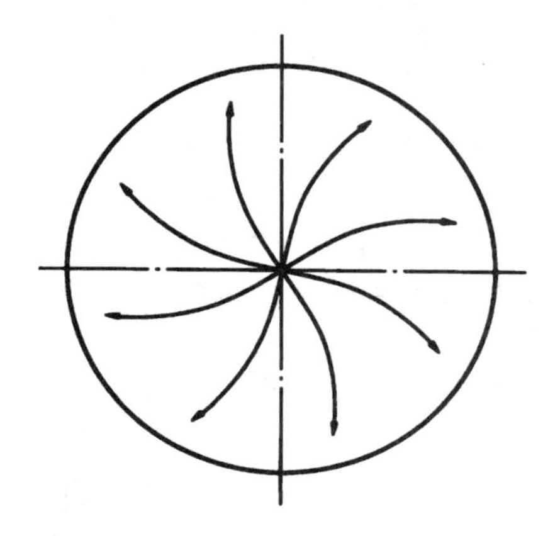

图3-12　旋转振动筛分机茶叶滑行运行轨迹示意图

来源：江用文. 中国茶产品加工[M]. 上海：上海科学技术出版社，2011.

（四）拣剔机械

毛茶中往往含有一些非茶类夹杂物和次质茶（茎梗、老叶、茶末等），非茶类夹杂物一般通过筛分、风选等工序剔除。而次质茶在高、中档商品茶中不应含有，在低档商品茶中亦只允许含有少量，因此必须在拣剔过程中剔除。另外，在茶叶整理加工中，需按轻重不同将茶叶分成许多等级。茶叶拣梗机和风选机就是进行茶、梗分离及分清等级的设备。两者都是利用茶叶（包括梗）各构成部分的物理特性（如形状、体积、重量等）的差异达到预期目的。

拣梗机可分为机械式、静电式和光电式等不同形式，其中机械式又分为阶梯式和间隙式，静电式又分高压静电式和塑料(摩擦)静电式等不同机型，各适用不同的茶类。风力选剔机也可分为送风式与吸风式两种机型。

1. 阶梯式茶叶拣梗机

(1)工作原理　阶梯式拣梗机内付拣的茶梗混合物均已经过筛分、风选作业，其重量大小已近似。但茶梗多长直而整齐，且较光滑，重心都在中间；叶条多呈弯曲，体形不匀称，重心往往不在中间，同时，拣出物比净茶平均长几毫米，阶梯式拣梗机就是利用茶叶与茶梗这种物理性状的不同达到拣剔茶梗的目的，拣床不断前后振动，使茶叶在拣床上纵向排列成行，沿着倾斜的多槽板向前移动，通过两多槽板间的空隙时，较短而又弯曲的茶叶在碰到拣梗轴前，重心已超过多槽板边缘而翻落在槽沟内，较长而平直的茶梗因重心尚未超过多槽板，故能保持平衡不前倾，由拣梗轴送越槽沟，使茶叶与茶梗分离。为了提高拣剔效果，一般要经几次分离，多槽板呈阶梯状布置，因此称作阶梯式拣梗机。这种拣梗机在拣梗的同时，细长的茶条也混入茶梗中，所以也具有分离长短的作用。

为了提高拣梗的效果，应注意在茶叶切碎过程中尽量少切断茶梗。

(2)典型结构　阶梯式拣梗机由机架、传动机构、拣床三大部分组成(图 3-13)。

机架由型钢构成，通过弹簧钢板把拣床与机架连成整体。机架上部设有贮茶斗，电动机座及主要传动部件也均设置在机架上。

传动机构由电动机、三角胶带传动、偏心轴、链传动等组成。动力通过三角胶带传动递到偏心主轴上，带动连杆，使弹簧扁钢定向振动，从而使整个拣床产生振动。偏心轴又通过另一端的三角胶带传动及链传动带动各拣梗轴转动。也有利用偏心重块振动轴使拣床产生振动的结构形式，振动频率一般为450～500 Hz。

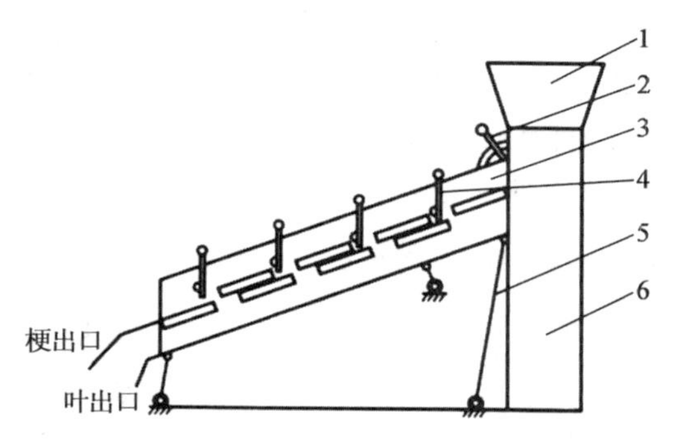

1. 贮茶斗；2. 进茶量调节手柄；3. 拣床；4. 拣梗轴调节轴；5. 传动机构；6. 机架

图 3-13 阶梯式拣梗机示意图

来源：江用文. 中国茶产品加工[M]. 上海：上海科学技术出版社，2011.

拣床由左右墙板、多槽板、拣梗轴、出茶斗、出梗斗等组成。多槽板用铸铝经切削加工或用铝板冲压而成，一般为 4～6 层，前倾角度 8°左右，呈阶梯状排列，放置在左右墙板之间。茶叶经贮茶斗进入振动着的拣床，进茶量可通过调节手柄控制，进入拣床的茶叶，在最上层多槽板的圆弧形沟槽中均匀纵向排列，徐徐向下滑动，滑至两多槽板的间隙处时，由于拣梗轴的作用，使茶梗与茶叶分离，即茶梗以及较长的茶条越过拣梗轴汇集到出梗斗，而其余原料从上层多槽板进入下一层多槽板，继续进行拣剔。茶叶经过数层多槽板与拣梗轴的反复拣剔，使茶叶与茶梗基本分离干净。拣梗轴有光滑轴与浅槽轴两种，直径 6～7 mm，位于两层槽板之间的空隙中间，其顶点应低于上层槽板沟槽的最低点约 0.5 mm。拣梗轴离多槽板边缘的位置，可以通过手柄来调节，有的机型固定多槽板，移动拣梗机；有的机型则固定拣梗轴，移动多槽板。一般采用第一层间隙较大，以使最长的茶梗先拣出，以后逐层缩小。也有采用第一层间隙最小，先分离出较细小的净茶，然后再逐层拣剔茶梗的方法。拣梗轴的转速一般为 150 r/min 左右。

为了适应不同茶类拣剔的工艺要求，有的阶梯式拣梗机有两种不同的振动频率可供选择。采用偏心块振动方式的则可借助于调整偏心块的位置来改变振幅大小。

阶梯式拣梗机的拣净率并不理想，难以将茶梗较彻底地拣剔出来。近年来曾在其结构形式上做过一些探索，如将茶叶流程由单向改为双向，使之合理地分流合流、拣薄茶叶铺层，从而提高拣剔效果。

2. 高压静电拣梗机

（1）工作原理　一个物体带电以后会对周围带电物体产生作用力，即在此带电物体周围存在着电场。当电介质（不导电的物质，也称绝缘体）通过静止不动的带电体产生的电场（静电场）时，会产生极化效应。所谓极化效应是指分子偶极子有一定取向并增大其电矩的效应，也就是说电介质在静电场中，分子的正负电荷中心将产生相对移位，形成电偶极子，而且这些电偶极子的方向在静电场中都能自动沿着电场的方向，因此在电介质的表面上将出现正负束缚电荷。在由正、负电极组成的电场中，茶叶是一种电介质，会产生极化效应。组成茶叶各种成分的分子会在指向正电极的方向感应出负电荷，同时在指向负电极的方向感应出同等数量的正电荷。根据同性相斥、异性相吸的原理，正电极会吸引感应出的负电荷，负电极也会吸引感应出的正电荷，两个吸引力的方向相反且在同一条直线上。如果这两个吸引力大小相等的话，则茶叶在电场中受到的合力为零，此时茶叶经过电场时不会产生偏移。由于电荷秒间的距离大小对电场力有着决定性的作用，故距离近，电场力（在此为吸引力）大；反之亦然。如将两电极做成圆弧形，曲率半径大的吸引力小，反之则大。因此在高压静电拣梗机中，设计了两个大小不等的圆弧形电极，使得两者产生的电场是不均匀电场，当茶叶溜经这两个电极中间时受到正、负电极的吸引力有差异，从而使茶叶（包括叶和梗）的移动偏向吸引力大的一面，也就是在下落过程的同时做水平方向移动。

虽然电介质的极化在宏观描述时是一致的，但不同的电介质极化的微观过程却有差异。成茶的各种成分中，水的含量不高，但由于它是强极性分子，所以在电场中的激化却是相当可观的，以至于成为决定高压静电拣梗有无成效的关键。其他的一

些成分如多酚类、糖类、蛋白质等也或多或少地产生一定的激化作用，因此不同的茶叶总的激化作用是不同的。

茶叶中的叶与梗所含水分及其他化学成分是不相同的，尤其是含水率。通常干燥后的茶梗含水率明显高于叶条，经过回潮，会有不同的趋势，但叶、梗间的差异是明显存在的。静电拣梗机就是利用这种物理性状的不同达到拣剔茶梗的目的。高压静电发生器产生直流高压，输送给经典锟（亦称电极筒），在静电锟与喂料锟（亦称分配筒）间产生了高压静电场。输入拣梗机中的茶叶，经过喂料锟进入静电场后产生极化现象并在下落的同时向曲率半径较小的电极筒偏移，即做抛物运动。由于叶、梗的极化程度不一样，两者水平方向的运动也不一样，通常茶梗偏移大、茶条偏移小，通过分离机构可达到分离茶条和梗的目的。

（2）结构　高压静电拣梗机由茶叶进给机构、高压静电发生器、分离机构和动力传动机构四大部分组成（图3-14），均装于机架内。

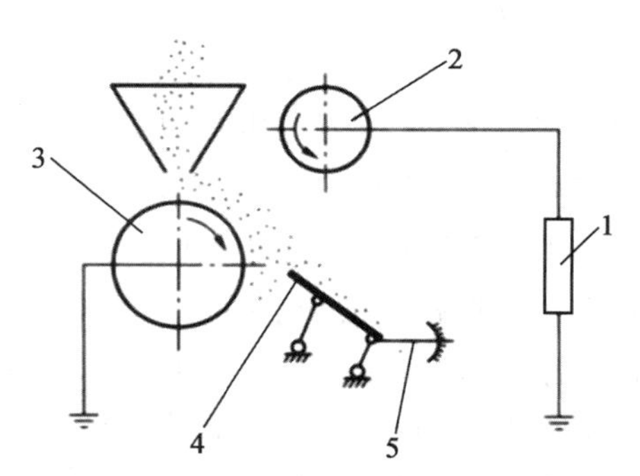

1.高压电源；2.静电锟；3.喂料锟；4.分离板；5.分离板调节手柄

图3-14　高压静电拣梗机原理示意图

来源：江用文.中国茶产品加工[M].上海：上海科学技术出版社，2011.

机架为型钢组成的框架，围以金属薄板，作为静电隔离。正面设门，门上部为透明玻璃窗，以便清理和监视工作进程。机架设有接地保护，以确保安全。

茶叶进给机构包括贮茶斗、输送带、流量控制器、喂料锟等。起输送茶叶、控制流量、均匀连续的将茶叶送往高压静电场中的作用，喂料锟可以是滚筒状，也可呈瓦片状。前者边旋转边输送茶叶，使进入电场的茶叶达到匀速。后者依靠振动将流过振动式淌茶板并经流量控制的茶叶均匀地输送到电场中去，茶叶铺得开、铺得匀，溅开及回流的茶叶均少于前者。

高压静电发生器一般由稳压器、调压器、升压变压器及倍压整流网络等组成。通过调节初级电压，产生 0～30 kV 直流高压，输送到静电锟上。

分离机构主要工作部件是静电锟及分离板。静电锟为光滑金属锟筒，端部设有滑环及电刷。分离板为一斜置的绝缘板，通常用有机玻璃制成，用它的上边沿接受落下的茶梗。由于茶叶与茶梗在下落时没有明显的分界线，所以应根据实际情况适当调整分离板的位置，以提高拣剔的净度。如要求拣出的茶梗中含叶条少，应使分离板上边沿向静电锟方向移动，即减小分离间隙；反之，则应增大分离间隙。调整时分离板与水平面的夹角(称分离角)也可有少许变化，但此夹角最小应大于茶叶的休止角。

下落的茶条再次经过第 2 个喂料锟进入第 2 层高压静电场，重复拣剔 1 次，以提高拣净率。

根据试验，采用多极静电锟，拣梗率逐渐降低，误拣率也稍有增加，不但拣剔效果不明显，反而造成结构庞大、成本增高，故一般均采用两只静电锟。

通常静电锟直径为 100～150 mm，宜小不宜大。静电锟长度有 500 mm 及 700 mm 两种，转速为 100～150 r/min。

动力由电动机经三角胶带传动减速，通过过桥轮轴传至静电锟、喂料锟、输送带等机构。

(3)使用　如前所述，高压静电拣梗机是利用茶叶的叶、梗在电场中所受的电场力存在差异的特性工作的，电场力的大小受多种因素制约，就茶叶本身而言，决定于茶叶的含水率、内含物质的化学构成，茶叶叶温等，因此生产操作上显得变化多端、难以捉摸。同时各地的经验与体会也不尽相同，本书仅介绍有代表性的技术措施，以供读者参考。

茶坯的含水率决定了电场对叶、梗吸引力的大小，茶坯中梗与叶含水量的差异决定了静电拣净率与误拣率，因此付拣的茶坯要控制一定的含水率，精制复烘后茶叶含水率通常在7%左右，拣梗效果最好。同时要考虑复拣茶的温度，即复烘后搁置的时间，一般认为复烘后不宜久置，但要视当时天气条件灵活掌握。

茶叶的外形对静电拣梗效果也有较大影响，因此工艺上要注意保梗，如先拣后切。

要正确掌握机械的工作性能，一般电压宜高，同时合理调节分离板及极间距离。

(五)风选机械

风选和飘筛都是利用茶叶轻重不同的原理，而将茶叶中杂质除去，达到洁净之目的。

1. 风力选别机(简称“风选机”)

(1)作用与工作原理　风选作用是茶叶整理工艺中定级取料的重要阶段，它是利用茶叶的重量、体积、形状的差异，借助风力的作用分离定级，去除杂质。

经过圆筛和抖筛筛分的茶叶，已成为长短、粗细、外形基本相同的筛号茶，但由于茶叶老嫩程度不一而重量不同，体积形状也有差异，迎风面大小有所区别，细嫩、紧结、重实的茶叶迎风面小，在风力作用下，落点较近；身骨轻飘的茶叶及黄片等迎风面大，在风力作用下随风飞扬而落点较远。从而在不同的距离上分离出不同品质的茶叶，达到轻重一致的定级目的。同时，还能将砂、石、金属等夹杂物从中分离出来。

风选有剖扇和清风两个步骤。剖扇又分毛扇和复扇。毛扇时把不同轻重的茶叶初步分离定级，复扇是在毛扇的基础上再进行一次精分。清风是在准备拼堆前再用风力把轻片、茶毛等扇出，以保证拼堆茶的匀静度。

风选机有送风式和吸风式两种形式，其工作原理基本一致，不同之处在于：送风式选别机的风机置于机器的前端向机内吹风，茶叶被吹向远处，故又称吹风机，这种形式，茶叶处于正压状态下；吸风式选别机的风机置于机器的尾端从机内吸风，茶叶被气流吸向风机，故又称拉风机，这种形式，茶叶处于负压状态下。一般来讲，吸风式选别机风力较强，风量大，风速较高，气流稳定性稍差，只适用于剖扇；送风式选别机风力大小可以调节，既可用于剖扇，也可用于清风。

不管吸风式还是送风式，风速大小在横断面上保持均匀，在纵断面上上小下大呈线性分布，则分选效果较好。同时，气流应为层流，避免产生紊流，否则，必定造成风选不清。目前送风式选别机使用较为普遍。

(2)构造　送风式风力选别机的结构主要包括送风装置、喂料装置、分茶箱、输送装置(图 3-15)。

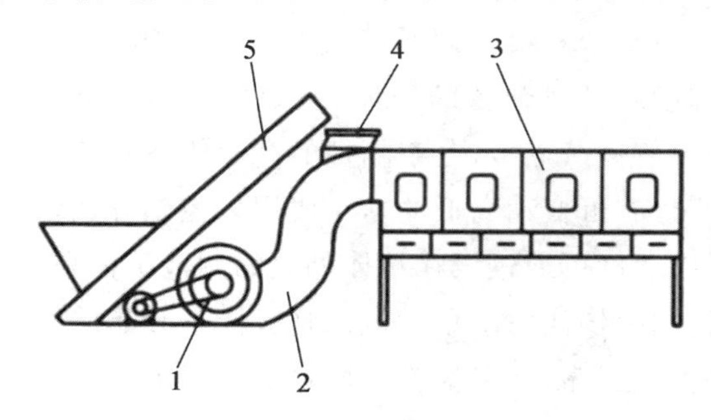

1. 风机；2. 导风管；3. 分茶箱；4. 喂料装置；5. 输送装置

图 3-15　送风式风力选别机示意图

来源：江用文. 中国茶产品加工[M]. 上海：上海科学技术出版社，2011.

送风装置由电动机、三角胶带传动、贯流式风机、导风管等组成。贯流式风机的特点是风量大、风压小、噪声低。风机两侧进风口设有调节风门，可以通过调节进风口的大小达到改变风量、风速的目的，以适应不同的作业要求。有的风选机则在三角胶带传动部分采用无级变速传动，通过手轮调节以改变风机的叶轮转速从而达到改变风量、风速的目的，这种方法有复式调节作用，更能适应多种用途。一般风机使用转速为 500～700 r/min，最高可达 1 000 r/min 以上。最大风量约 1 000 m^2/h，风速 6～12 m/s。

由风机出口到分茶箱用导风管联结，导风管要有一定的长度，多数呈S形，出口部分设分风板，起到使气流平稳均匀的作用。出口气流方向与水平面夹角为20°～30°，称为风向导角。

喂料装置有两种形式：电磁振动喂料装置及机械振动喂料装置。电磁振动喂料装置由通电线圈产生脉动磁场与弹簧钢板互相作用，使喂料盘产生有规则的高频振动。通过调节线圈电流，可使振动强度相应改变，以调节喂料盘振动的强弱。当茶叶由输送带送入喂料盘后，由于喂料盘的振动，使茶叶铺摊均匀并徐徐落入分茶箱的进茶口。机械振动喂料装置的构造与振动槽输送器类同。

分茶箱是1个由薄钢板制成的长方形箱体。通常有6个出茶口(第1口是沙石口)，尾端还设有1只灰箱。前端顶部是进茶口，上部联结送风装置的导风管出口。6个出茶口每个口之间在箱内设有分茶隔板，分茶隔板的高度依次降低，且可变动角度或位置(也有可变动高低的)，主要用来控制分选取料的规格。分茶隔板的角度可通过设在箱体外表的调节手柄来变动。

(3)使用操作注意事项　风选是分清茶叶品质优劣、保证产品质量的主要工序，在保证产品质量的前提下，要求充分发挥原料的经济价值，取足本级，兼顾下级，既要注意防止片面追求取料率、降低产品的质量，又要防止忽视经济核算、影响原料的经济价值。

风选机风选质量的标志是分清老嫩，级别分明。其关键是力求风力平稳，进料均匀呈帘状。贯流式风机在大风门时分力较平稳，故应尽量使用大风门。对复式调节的风选机，先调整风机转速，再微调进风口大小。风力掌握上一般应当剖扇轻、清扇重；低级茶轻、高级茶重；下段茶轻，上段茶重。风力调整适当后再配合调整分茶隔板角度、位置或高低，直至取料质量符合要求后才能进行正常生产。

2. 飘筛机

飘筛机主要用来分离比重近似，下落时呈水平状态的轻黄片、梗皮等夹杂物，往往用于风力选别机无法分离的茶叶。飘筛机一般用于红茶精制，绿茶精制中很少使用。

飘筛机的筛网为锥角很大的圆锥形筛网，一边上下跳动，一边做缓慢的水平旋转运动。茶叶由筛边投入，在筛分过程中逐步向中间移动。筛面上下跳动的目的是将茶叶抛起，使其中较重而质优的茶叶先行落到筛面上，不断与筛面接触，易于通过筛网落下。较轻而劣质者随后落下，与筛眼接触机会极少而留在筛面上，移到中间经孔中流出，从而达到筛分要求。筛面水平旋转是为了使茶叶在筛网上分布均匀，有利于通过筛网。

飘筛机由机架、传动机构、筛框以及输送装置组成。一般为一机两筛，左右对称，呈天平状。

传动机构由电动机、传动横轴、传动链轮、曲柄连杆、蜗轮减速箱、中心主轴等组成。曲柄连杆连接中心主轴带动筛框上下跳动，跳动次数为 300 次/min，跳动行程 30 mm。蜗轮减速箱的空心输出轴带动筛框作水平旋转运动，转速为 605 r/min。

筛框呈花篮状，筛网用蝶形螺栓固定在筛框上随筛框运动。

输送装置由主机的传动横轴通过三角带轮减速，驱动斗式输送带，其特点为分隔成两行，残留发酵叶，以免馊变，影响下一批发酵叶的品质。

(六)干燥机械

茶叶初制中常用的干燥机械，有烘干和炒干两大类。

1. 茶叶烘干机械

茶叶烘干机械的作业目的，一是为了去除加工叶内的水分，使其形成可供贮藏的成品茶；二是为了抑制或者促进叶内一些化学成分的变化，从而促进香气成分的固定和形成。

(1)茶叶烘干机的出现与改进　中国最早的茶叶烘焙器具为竹编烘笼，烘笼置于炭火盆上，茶叶则摊放在烘笼上部的烘盘上，由炭火发出的热量实施对茶叶的烘焙，并用控制炭火的燃烧来控制茶叶的失水速率。

最早茶叶烘干机发明的灵感就源自烘笼，为提供烘干效率和节约能源，将几只茶盘叠装在一只烘笼上，各烘盘的位置随茶叶烘干进程而有规则地改变，在最下层一只茶盘内的茶叶已烘

干时即被抽出，而在最上面则补充放上一只未经烘焙的茶盘。此后，又将茶盘固定在作等速运动的无端传动带，传动带下置炭火，当茶盘运行到一定位置时略作倾斜，即可将盘内茶叶卸到下一个茶盘内，空出的茶盘则可继续上叶，已形成现代烘干机连续工作的雏形。

现代茶叶烘干机虽然还有手拉形式进行人工换层的，但常用的先进机型都是将冲孔摊叶板的两端分别安装在两条循环链上，这些摊叶链板可设计成6～8层。茶叶从最上层送入，通过链板运行和换层装置一层层下落，并经过各层的烘干，最后从底部送出机外，完成烘干过程。

近年来，从满足制茶工艺要求出发，实现了烘干机的系列优化设计，各烘层的分层进风和配套使用高效率的系列金属热风炉，使烘干质量和均匀性获得大幅度提高，并且生产率和节能效果也大为提升。部分机型上还利用机电一体化技术，实现了烘干机的自动控制。

(2)茶叶烘干机的工作原理　现代茶叶烘干机均是使用热风即清洁加热空气作为烘干介质。茶叶加工中的所谓“烘”，就是指用热风通过茶层，蒸发茶叶内的水分，而使茶叶干燥的方法。热风气流与茶叶的热交换，主要是对流方式。实践证明，用此种方式干燥的茶叶清香气好。

在茶叶干燥过程中，若空气中的蒸汽分压未达到饱和时，也就是说此时空气相对湿度还小于100%时，只要含有水分的茶叶的表面水蒸气压还大于空气中水蒸气分压时，则茶叶就向空气中蒸发水分；与此相反则空气中的水分被茶叶吸收；若两者相等，则茶叶既不向空气中蒸发水分，也不从空气中吸收水分，这时的茶叶中的湿度或含水率则被称作平衡湿度或平衡含水率。为此，茶叶能否向空气中蒸发水分，决定于空气的湿度和茶叶的含水率。而在烘干机的作业过程中，进入机内空气的绝对湿度是无法改变的，如要改变相对湿度，只能改变空气的饱和水蒸气压。例如，在25℃常温状态下，若将相对湿度达到100%的空气鼓入烘干机，因水蒸气分压已达到饱和值，故已经失去蒸发茶叶中水分的能力。但若这时将空气的温度加热到100℃,其蒸汽分压已大为降低,相对湿度会下降3.12%,这时足以对含有水分的茶叶实施烘干。这就是茶叶烘干机为什么要应用加热空气进行茶叶烘干的机理。

茶叶干燥过程大约可以分为3个阶段。第1阶段称为茶叶预热阶段,非常潮湿的茶叶刚刚进入烘干机的一段时间内,由于茶叶表面有液态水存在,热空气供应给茶叶的热量,使茶叶叶温升高,叶面水分蒸发亦随之开始,即进入干燥的第2阶段;第2阶段称为等速干燥阶段,由于茶叶表面液态水存在,热风送入的热量仅用于茶叶表面水的蒸发,茶叶温度保持不变,茶叶的干燥速率也保持不变,即干燥速率为一恒定值。这一恒定的速率一直均匀保持到茶叶达到临界含水率,因为茶叶在第2阶段干燥过程中,干燥速度快,茶叶温度低,故为了缩短干燥时间并保持较高的烘干质量,在烘干机设计和应用中,应通过各种途径使临界含水率尽可能降低。临界含水率是茶叶烘干第2阶段和第3阶段的交点处;第3阶段称为降速干燥阶段,此阶段临界含水率已过,茶叶表面已无水分,蒸发的水分需从茶叶内部扩散到表面再蒸发,若这时内部扩散速度小于茶叶表面的蒸发速度,则茶叶表面将变干,茶叶温度开始升高。由于这时热风热量的消耗要分别用于茶叶温度升高和水分蒸发,干燥速度则很快降低,形成降速干燥特性,直到达到平衡含水率而终止。由于第3阶段的能源消耗大、干燥效果不突出,故在实际操作中,往往是将完成第2阶段干燥的茶叶,即出机摊晾,使内外含水均匀分布后再上机烘干,可节约大量能源和烘干时间,这就是茶叶烘干机往往采用毛火、足火两段干燥的原因。

(3)茶叶烘干机的类型　当前生产中常用的茶叶烘干机有手拉百叶式烘干机和自动链板式烘干机。

①手拉百叶式茶叶烘干机。手拉百叶式茶叶烘干机是一种小型茶叶烘干机。主要结构由主机箱体(干燥室)、热风炉和鼓风机三大部分组成。

主机箱体是一个用角钢和薄钢板制成的长方箱体,箱体内

装有 5～6 层百叶板，每层百叶板在箱体外部设有一个手柄进行控制，可使百叶板呈水平和竖直状态，水平状态摊叶，竖直状态落茶。百叶板用不锈钢薄板冲孔加工而成，孔径一般为 3.5 mm，每层配 13～15 块。箱体下部有 2 个或 3 个漏斗形出茶口，用手柄控制滑板式出茶门出茶。箱体上部是敞开的，便于上叶和水蒸气散发。手拉百叶式烘干机以往均采用火管式热风炉，因铸铁火管容易烧损而漏烟，对茶叶造成污染，现已淘汰。目前生产中一般配用金属式热风炉，用以产生热风，并由装在热风炉之前或热风炉与箱体之间的鼓风机，通过风管把热风送入主机箱体，对箱体内各层百叶板上的茶叶实施烘干（图 3-16）。

图 3-16　手拉百叶式茶叶烘干机

来源：江用文. 中国茶产品加工[M]. 上海：上海科学技术出版社，2011.

手拉百叶式烘干机作业时，用手工向最上层百叶板摊叶，摊满并进行一定时间烘干后，随之用手工拉动操作手柄，通过拉杆使百叶板由水平转为竖直状态，加工叶便翻至下一层百叶板上。当将手柄拉回时，百叶板又呈水平状态，可再次摊放加工叶。当第一批加工叶从出茶口出茶后，以后每隔适当时间，即从下至上逐层翻板，就可实现不断出茶和不断上叶，使烘干作业继续下去。

手拉百叶式烘干机均为摊叶面积为 10 m^2 以下的小型烘干机，特点是结构简单、价格便宜，但是操作费力，烘干时间和质量较难掌握。

②自动链板式茶叶烘干机。它是一种大、中型的自动连续作业式烘干机。主要结构由主机箱体(干燥室)、上叶输送带、传动机构、热风炉和鼓风机等组成。

主机箱体即干燥室是一个由角钢和薄钢板制成的长方形箱体,一端上方与上叶输送带连接,下部为出茶口;另一端的下部是热风进口,通过风管与鼓风机和热风炉连接。主机箱体内通风孔眼,热风由下而上通过孔眼再穿过叶层对茶叶实施干燥。由于烘箱两侧壁上各有一条隔板,当百叶板链在隔板上做水平滑动,运动到箱体的一端时,两边隔板相对位置分别断开略大于百叶式烘板宽度的一段距离,百叶式烘板失去隔板的支持,在自重和板上茶叶重量的作用下自动转为竖直,使茶叶落到下一层百叶式烘板上。这样一层层下落,直到最后落到箱体底部,经淌茶板由刮叶器和出茶翼轮推出机外,完成烘干工序。

自动链板式烘干机的上叶输送带也是一组百叶式输送链板,上烘的加工叶,就由它连续送至干燥箱顶部并均匀摊放到最上层的烘板上。

自动链板式烘干机均使用无级变速形式,常用的减速和变速装置有少齿差行无级变速器和三相并联脉动机械式变速器两种,可实现从“零”到一定转速范围内的无级变速。能使加工叶在烘干机内的烘程在6.5～26.0 min范围内自由调节。烘干机的动力传动过程为:电动机的动力由链传动带动无级变速器运转,在输入无级变速器的主动链轮上,设置了安全销,以对主机进行过载安全保护。即在烘干机任何运转处,有卡死现象或夹入有碍机器运转的杂物可能造成烘干机损坏时,安全销会自动被剪断,从而停止整台烘干机的运行,避免其损坏。无级变速器的动力输出轴通过链传动,一般是先带动第3组烘板运动;再由第3组烘板的主动链轮,通过链传动带动第2组烘板运动;再由第2组带动第1组烘板和上叶输送带烘板运动,从而实现整台机器的运转。

自动链板式烘干机,以往也是使用火管式热风炉,目前已被普遍配用的喷流式热风炉和直流式热风炉所代替。喷流式热风炉是一种将冷空气吸入炉内，以小孔喷流方式与被烟气加热的钢板板壁进行热交换的无管式热风炉。它主要由 6 个同心圆形钢筒套装而成，可以单层套，也可以双层套，圆筒壁上密布小孔。炉子中部为炉膛，燃烧的烟气对形成烟道圆通的板壁加热。作业时，经过预热而进入炉内的干净空气，在送风风机的压力下，由小孔喷射到热壁上，完成对流换热过程，形成热风被送往烘干箱体内，对茶叶实施烘干。由于小孔形成的空气喷射速度很高，可以破坏热壁的层流附面层，使气流与热壁表面间的层流边界层紊流化，即增加了气流流体质点与热壁表面的撞击，使热阻减小，从而达到强化换热的目的。直流式热风炉，是一种没有空气折返回程的无管式热风炉。主要结构由主换热器、副换热器、烟囱及鼓风机等组成。作业时，清洁的冷空气从炉体上部的副换热器吸入，经小角度转弯进入主换热器，加热形成热风后，被折转 90°而送入烘箱对茶叶实施烘干。这种热风炉由于空气阻力系数很小，使空气流速大为提高，大幅度地提高了换热系数，同时也降低了造价，改善了换热体高温区段的工作条件，使热风炉的使用寿命较长。以上两种热风炉均系为茶叶烘干机专门设计的高效率整体式专用金属热风炉，热效率可达到 70%左右。它们都是通过新鲜空气和热量很高的烟气强制隔离流动，进行充分的热交换，使新鲜的冷空气被加热成热风，由鼓风机通过风管送入干燥室，对加工叶进行烘干。生产中使用的烘干机，所配套应用的热风炉一般以燃煤为热源，也有以燃柴油等为热源的，由于成本较高，使用尚不普遍。

茶叶烘干机以烘板摊叶面积的平方米数作为型号标定的依据，在我国已形成系列产品，现在生产上使用的茶叶烘干机有 6CH-10 型、6CH-16 型、6CH-20 型、6CH-25 型、6CH-50 型等规格型号，例如 6CH-16 型烘干机即烘板摊叶面积为 16 m^2 的茶叶烘干机。

在茶叶加工机械中，茶叶烘干机属于大型和较复杂的设备，使用技术要求比较高。为此，应按照使用说明书的要求，正确对机器进行安装、调试、使用、润滑和保养。每次开机前应充分检查链板和运动部件上有无影响机器运行的障碍物，尤其是干燥箱内的链板上有无误放的硬厚，也不宜出现空板现象。热风炉工作时，煤要勤加少添，烘干的热风温度一般应控制在100～120℃，最高温度一般也不应超过130℃。机器运行时应时刻注意有无不正常的冲击和噪声，并注意各转动部件和轴承等部位温升是否正常，不正常应立即停车检查和维修。应经常检查热风炉有无漏烟处及是否烧损，如发现要及时修复，否则将引起茶叶烟焦。烘干作业结束，应首先清除热风炉内的燃煤、灰渣和剩火，停止热风炉的助燃风机，向箱体送热的鼓风机和主机要继续运行15 min以上，待干燥箱和热风炉内的温度降下后，再行关机。

③流化床式茶叶烘干机。在进行茶叶烘干时，茶叶的烘干速度和效果，在很大程度上取决于热风和茶叶表面的热交换。这时的热风即干燥的热空气，将会把叶间水分汽化并把水蒸气带走。若鼓入的热风，能使分散的茶叶颗粒处于悬浮或称之为流化状态时，将会大大增加热风和茶叶接触的总面积，显著增强烘干效果。这就是流化床式烘干机的设计和工作原理，也是将这种烘干机称为流化(沸腾)床式烘干机的原因。

生产中使用的流化床式茶叶烘干机，一般由热风炉、流化(沸腾)床、进叶装置、风柜与茶叶分配装置、卸料器和抽风管道等部分组成。流化床式茶叶烘干机使用的热风发生炉与一般茶叶烘干机使用的一样。流化床装于烘干机主机箱体之内，为一冲孔钢板结构，床下为风柜，床上为烘干室。热风炉产生的热风，由风机通过地下通道送入风柜，然后通过流化床上的孔眼，进入烘干室，对加工叶实施干燥。热风流量的大小和风向的改变，可由设在流化床下面的风量和风向调节器分别进行调节。进叶装置采用星形卸料器结构，这是因为流化床采取正压热风气流对茶叶实施干燥，采用这种结构可避免热风气流从进茶口冲出。加工叶进入烘干室后自由下落，有的机型则设计成当加工叶进入烘干箱后，经过一段输送带后再自由下落。加工叶下

落后便立即与上升的热风气流接触，由于热风风量和风向调整适当，故加工叶立即会呈现沸腾状态，进入干燥过程。茶叶与高温气流进行充分的热交换后，含有水分的残余潮湿空气，将由安装在烘干箱体顶部的抽风管道抽出机外。为了避免茶叶颗粒随残余气流被抽出，将抽气管道上半段截面做增大设计，以起减压作用。同时在抽气管末端还配有旋风式除尘器，目的是回收级外末茶，并防止茶毛和茶灰对大气的污染。经过烘干的茶叶，通过星形卸料器送出机外，完成全部烘干过程。

2. 茶叶炒干机械

茶叶加工中的干燥作业，除了继续蒸发叶内水分，使香气成分获得进一步发展，同时它还负担着部分做形的功能，随着炒制过程的进行，水分不断蒸发，条索圆润紧结的外形也随之形成。茶叶加工中的所谓“炒”，就是指茶叶在加热的锅或滚筒内一边翻动一边吸收热量，在蒸发水分的同时又卷紧条索的干燥过程。锅或筒壁与茶叶的热交换方式，主要是传导方式。实践证明，用此种方式干燥的茶叶，条索紧结，有特殊的釜炒香气。

(1)锅式炒干机　锅式炒干机(图 3-17)的整体结构与双锅杀青机相似，主要结构同样由炒叶锅、炒叶腔、炒手、传动机构、机架和炉灶等组成。只是为炒干成条需要，炒叶锅的安装角度

图 3-17　锅式炒干机

来源：陈宗懋，杨亚军. 中国茶经[M]. 上海：上海文化出版社，2011.

较陡，一般为18°，而锅式杀青机仅为5°；同时，炒叶器是采用了更为利于紧条的炒手形式。

锅式炒干机的工作原理是，将加工叶投入被炉灶加热的铸铁锅内，使加工叶从锅壁上吸收热量，同时在炒手不断旋转翻抛的过程中，受到了炒手给予的作用力、锅壁的反作用力和茶条之间相互的挤压力，使加工叶逐步干燥和紧结成条，并使茶叶香气得到进一步发挥。

锅式炒干机作业时，投叶量每锅二青叶10 kg左右，锅温掌握在100～110℃，炒制时间45 min左右，含水率达到15%左右出锅，摊凉后进入下一工序的辉干。不要炒得过干，否则易形成碎茶。

(2)筒式炒干机　由于筒式炒干机的加工叶是在圆形筒体内进行炒干，故在筒体旋转过程中，茶叶始终作圆周和翻滚运动。与此同时，加工叶由于受到筒体转动所产生的离心力、茶叶对其的反作用力、茶叶与筒壁和茶叶与茶叶之间的摩擦力，使其逐步紧结与干燥。但是，加工叶在筒内的运动规律及加工质量与筒体转速关系密切。当筒体转速不高时，茶叶升高到一定高度便一层层地往下滑落，即出现“泻落运动”；当筒体转速较高时，茶叶则随筒体旋转所升高的高度相应增加，在最高处离开筒体内壁，按抛物线轨迹作斜抛下落运动，即出现“抛落运动”；当筒体转速继续升高而达到一定值时，茶叶则在足够大的离心力的作用下，将附在筒体内壁上随筒体一起旋转，这时即出现“附壁运动”。筒式炒干机作业过程中，“泻落运动”和“抛落运动”有利于茶叶的干燥和条形紧结及圆润，而“附壁运动”因为过大的离心力作用，茶叶附在筒壁上旋转，使机器失去炒制功能，故在机器设计中应予避免。

筒式炒干机的主要结构均由筒体、炉灶和传动机构三大部分组成。部分机型还配有排湿风扇。

(3)瓶式炒干机　瓶式炒干机(图3-18)，采用一头大一头小圆形筒体，呈腰鼓形，又似瓶状，故将这种筒体形式的炒干机称之为瓶式炒干机。在筒体大端内壁有一段装有螺旋导板，当筒

体正转时，螺旋板将加工叶推至工作段进行炒制；筒体反转时，螺旋板将加工叶推出机外，完成出叶。筒体内壁采取压出筋条或装上棱角条，以增加成条性能，虽然它紧条性能难与八角炒干机相比，但它用于辉干，对保证茶条完整和增加茶条光润度却优于八角式炒干机。

图 3-18 瓶式炒干机

瓶式炒干机进行辉干作业时，筒壁温度应保持在 100℃左右，每筒投叶量可达 40 kg，炒制的时间也可以达到 60～80 min。由于是将已炒至九成干的三青叶投入瓶式炒干机进行辉干，加上瓶式炒干机装有排气风扇，炒制温度又较低，故投叶量较大不会引起加工叶变黄；反之，投叶量多，茶叶在筒内上抛下落的距离缩小，断碎减少。这时由于叶量多，茶条相互之间挤压力大，随着筒体的旋转，茶条与茶条之间及茶条与筒壁之间相互摩擦与挤压，在进一步逐渐失水和紧条的同时，茶条表面的毛刺被逐渐磨光，从而使茶条更为光滑圆润，更显锋苗，而且香味和色泽也更好。在辉干作业将要结束前的 5～10 min，迅速短时间提高炒制温度至 150℃左右，使茶叶温度达到 100℃左右，即用手摸感到烫手，随后立即出叶，可显著提高茶叶香气，但时间掌握要适当，不要引起焦茶。在加工叶的含水率炒至 6%左右时，完成长炒青绿茶的全部炒制。同时，作业时应注意，因为筒体是采取正反转而实现炒制和出茶，故当完成炒制而需出茶时，要先行停车，再使筒体反转出茶，以免造成机器损坏。

（4）八角式炒干机　八角式炒干机的主要结构由机架、筒体、传动机构和炉灶组成。机架用角钢焊制而成，用以支承主轴和整个筒体。筒体用钢板卷制而成，也呈腰鼓形，为一端大一端小的瓶状，故这种炒干机其实也是一种瓶式炒干机。所不同的是，这种机型的筒体为八角形状，故被称为八角式炒干机，紧条性能较好。八角式炒干机的筒体大端内同样装有螺旋导板，可保证筒体顺转时，加工叶可顺螺旋导板进入工作区，倒转时，茶叶则由螺旋导板推出筒体，完成出叶。筒体的转动是由穿过中心的主轴来带动的。主轴则由电动机、三角皮带传动、齿轮减速传动或蜗轮蜗杆减速箱组成的传动机构带动。炉灶包围整个筒体，由炉膛内燃料燃烧产生的热量对筒体加热。

八角式炒干机一般用于长炒青绿茶的炒三青作业。作业时，当筒壁温度到达 100～110℃时，向筒内投入二青叶，投叶量为 25 kg 左右。投叶后的炒制前期，会有大量的水蒸气发生，这时要及时开动筒体小端的风扇，以加速水汽的散失。否则水汽不能及时排出，将会造成成茶香气低闷、色泽变黄。三青叶的炒制时间约 30 min，加工叶含水率达到 15％左右时出叶摊晾，即可投入下一工序的辉锅作业。

二、六堡茶技术的改进

工厂化生产设备及技术的发展进步在 20 世纪 50 年代末，由于社会的进步和科学技术不断发展，梧州茶厂依靠自身力量，首先在筛茶工艺的茶叶精制设备上进行改进，采用电动机带动木制的输送带、圆筛、抖筛、风柜等生产设备，大大提高了六堡茶筛制分级的效率，而且筛制出来的茶叶匀整统一，统一称为机口茶，然后分级拼配。其次，对蒸茶设备进行改进，先由单个木甑（一种传统装茶容器）改为群组木甑，后由大铜锅（煮水产生蒸汽）改成 1.5 m×1.5 m×0.6 m 的正方铜锅，因此促进了生产能力的提高，每日初蒸茶 8 000 kg，可焗堆成 8 格，每格 2 m×2 m×1.2 m；每日（每班）复蒸茶叶 160～200 箩，每箩约 50 kg。20 世纪 60 年代中后期，广西梧州茶厂购进了蒸汽锅炉，代替传统的烧柴煮水，大大减轻了烧火工人的劳动强度，同时也确保了

产品质量的长期稳定。20 世纪 70 年代初中期，在“抓革命，促生产”号召下，广西梧州茶厂加工设备和工艺进一步改进，为配合茯砖茶生产而购进了 2 t 级蒸汽锅炉。此外，广西梧州茶厂自己研制了旋转式蒸茶机、螺旋式蒸茶机、电动压篓机等用于茶叶加工生产，不但大大减轻了多个生产环节工人的劳动强度、提高了生产产量，并且大大提高了生产设备的安全性和可靠性，双蒸双压工艺也一直沿用至今。

(一)渥堆发酵

1. 传统六堡茶渥堆发酵存在的局限

六堡茶渥堆发酵采用的是人工加水、金属探温计定时测温、人工翻堆、人工搓散的加工方式，多凭制茶老师傅个人的经验掌握火候，因此存在一些局限，如：①渥堆发酵在车间地面上进行，不利于卫生控制；②发酵加湿不够均匀；③渥堆发酵的湿度、温度监控不够及时、不准确；④渥堆发酵的翻堆不够及时、不够均匀；⑤渥堆发酵产生的碎末多、正品率偏低；⑥渥堆发酵为人工操作，消耗劳动力多、劳动强度大。为克服以上各种局限，作为六堡茶生产龙头企业的梧州茶厂进行了多年的探索和研究，积极申报科研项目立项，以争取科技部门的支持，研究开发六堡茶渥堆发酵的自动控制技术及设备。

2. 自动控制技术的关键点

自动控制技术关键点主要有：①投料时自动喷雾加水增湿；②堆内温度、湿度实行自动连续监测；③基于温度监控的自动翻堆；④发酵的温、湿度监控采用温湿度传感器，监测情况并即时上传到控制系统；⑤渥堆发酵箱采用金属板作外壳，内壁选用具有吸水及附着微生物功能的复合材料。该项目设计的渥堆发酵箱每次可装干茶叶 2.6～3.0 t。

3. 自动控制技术的设计

机械操作设备的设计在调研基础上，经研究将机械操作设备初步设计为 9 组装置，分别是：①原料茶叶输送机；②储茶送料机；③自动称茶机；④自动加湿搅拌均匀机；⑤出茶输送机；

⑥渥堆发酵箱；⑦自动解块机；⑧加湿茶叶运料输送机；⑨加湿茶运料到渥堆箱输送机。根据项目设计的需要，渥堆发酵工序预期达到的主要控制技术指标为：①发酵茶叶含水量20%～30%；②茶叶发酵温度40～60℃；③茶叶发酵环境相对湿度65%～90%。为实现六堡茶渥堆发酵自动控制，试验对加水、搅拌、多点测温这3个关键技术控制点进行了研究，最终采用以下设计：①加水。加装一个变频加压泵对水进行加压雾化处理，在加湿机内安装8～12个雾化喷嘴，使水经过雾化后均匀地喷洒在翻动的茶叶中。②搅拌。采用螺旋叶片式输送机作采用螺旋叶片式输送机作为加湿搅拌机的主体，它的机械原理为：茶叶与水比例均匀搅拌模板块发出信号，搅拌机每正转2周后反转2周，如此反复此过程，把茶叶通过旋转轴的叶片搅拌来回翻动，把茶叶由内旋搅拌到外，再由外旋搅拌到内。③多点测温。用4支热电偶探测头监测控制为主体组成，茶叶解块降温运行检控制模板块。经反复组合调试，机械操作设备最终被设计成两大部分，分别为六堡茶加湿自动控制装置、六堡茶渥堆自动控制装置，如图3-19所示。

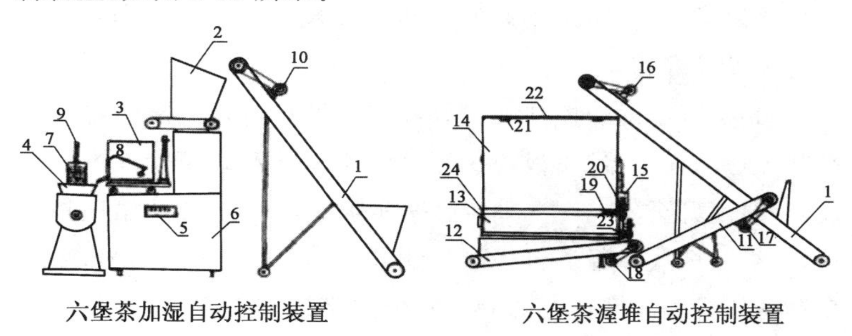

1. 进茶输送带；2. 储茶括板式送茶机；3. 自动称茶机；4. 自动加湿拌匀机；5. 加湿自动控制电箱；6. 支承架体；7. 自动门；8. 进水电磁水阀；9. 活动金属棒；10. 第一动力电机；11. 运茶输送带；12. 出茶输送带；13. 自动解块机；14. 渥堆发酵箱；15. 温度自动控制电器箱；16. 第一电机；17. 第五电机；18. 第四电机；19. 第二电机；20. 第一齿轮组；21. 合页；22. 折叠式盖板；23. 第三电机；24. 支架体。

图3-19　六堡茶渥堆发酵自动控制装置

4. 渥堆发酵自动控制联机操作原理

(1)原料茶叶称重及加水量的控制　开始工作时，原料茶叶输送机1将“原料茶叶”送到储茶送料机2，同时“加水量检测控制器”模板块发出指令，向自动加湿搅拌机4的储水箱里进行加水(储水箱的容量是根据“称茶检测控制器”模板块检测出来的数据和信号，按茶叶的重量与加水的比例来控制所加的水容量)。

(2)喷淋加水的控制　当储水箱加水达标时，检测头发出信号，指令机械4停止加水；同时发出信号到“茶叶与水比例运行检测器”模板块，指令自动称茶机3的下料口打开，把茶叶送到自动加湿搅拌机4；同时“搅拌加压加水检测控制器”模板块发出指令，一面加料，一面喷淋加水，直到加湿均匀完毕。以上操作为完成一个周期过程，紧接着，当加湿的茶叶输送完毕，经“加湿搅拌均匀检测器”模板块的指令，再次进行下料加湿工作，保持连续性。

(3)将湿茶叶输送至发酵箱的控制　当加湿搅拌均匀完毕后，“加水量检测控制器”同时向“茶叶与水比例运行检测器”模板块发出指令信号，驱动茶叶输送机1输送到渥堆发酵箱14，进行渥堆发酵。

(4)发酵温度的控制　当茶叶在渥堆箱时，“发酵箱温度升高状况检测控制器”模板块一直监测着发酵箱内茶叶渥堆的温度，当温度升至48～55℃时(根据实际情况确定翻堆温度控制点)，“茶叶解块降温运行检测控制器”模板块即发出信号，令其自动解块机和渥堆箱底的叶片式输送带运转工作，茶叶经叶片输送带面上的齿耙，均匀地输送到解块机，渥堆出来的茶叶经解块机转动搅茶棍和固定棍条作用下，把渥堆出来的成团茶叶解散开来，透气降温。以上操作为完成一个周期，当温度又升至48～55℃时，在“发酵箱温度升高状况检测控制器”模块控制下再次进行翻堆操作。[①]

---

①何梅珍，黄达勤，石荣强，等. 六堡茶渥堆发酵自动控制技术研究[J]. 安徽农业科学，2013，24：10136-10138.

(二)研发茶叶联合筛分技术

1. 联合筛分技术原理

筛分生产线包括储茶罐、振动输送槽、通过送料管连通的2级分离筒、抖筛机、圆筛机、风选机和茶叶拣梗机。其筛分原理为:A. 将毛茶装入储茶罐;B. 除粗大颗粒杂质;C. 除茶尘;D. 分粗细:将完成除尘毛茶通过抖筛机筛分得到细毛茶和粗毛茶;E. 分长短:将细毛茶通过圆筛机筛分得到筛面茶、碎茶和末茶;F. 分级:将E步骤得到的筛面茶或碎茶通过风选机分级,得到筛面茶或碎茶的正身茶、副茶和片茶;G. 去梗:将在F步骤得到的正身茶通过茶叶拣梗机,分离出正身茶中的茶梗。至此完成毛茶的筛分。

筛分机械的技术改进设计为提升茶叶筛分的效率,课题组研究设计了六堡茶联合筛分方法,并完成了对技术难点的攻关,其具体机械组成详见图3-20所示。

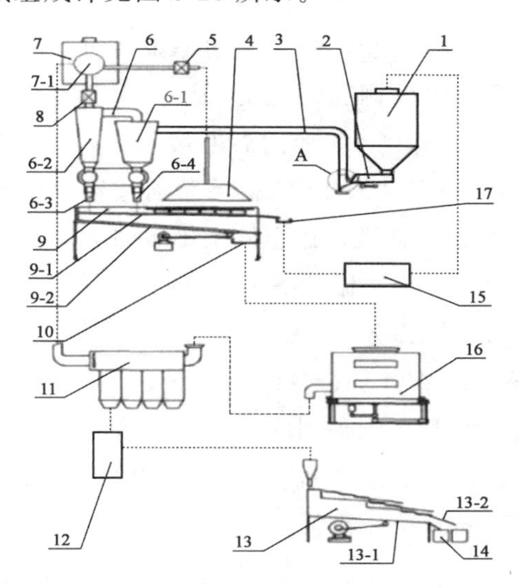

1. 储茶罐;2. 振动输送槽;3. 送料装置;4. 风送通道;5. 第3吸风机;6. 茶叶分离装置;(6-1). 第1分离筒;(6-2). 第2分离筒;(6-3). 第1隔风器;(6-4). 第2隔风器;7. 储尘室;(7-1). 滤网;8. 第1吸风机;9. 茶叶抖筛机;(9-1). 筛网;(9-2). 接茶板;10. 细茶振动槽;11. 茶叶风选机;12. 移动输送带;13. 茶叶选梗机;(13-1). 筛床;(13-2). 茶梗出口;14. 盛茶桶;15. 切茶机;16. 圆筛机;17. 粗茶振动槽

图3-20 茶叶筛分机组成

2. 茶叶联合筛分机组操作原理

(1)装茶　将完成初制加工的毛茶装入储茶罐1。

(2)除粗大颗粒杂质　开启储茶罐1出口的闸门,毛茶进入往复直线振动的振动输送槽2,让毛茶与大颗粒杂质在振动输送槽2内进行运动分享,质轻的毛茶振动移至槽体尾端,在第1吸风机8吸力作用下通过送料管3进入第1分离筒6,大颗粒杂质振动移至槽体末端,在其重力和吸力作用下从出杂口3-1排出。

(3)除茶尘　进入第1分离筒6的毛茶,在身上的吸力旋风的作用下对毛茶进行第1次除茶尘处理,一部分完成除茶尘的毛茶经第1分离筒6的出料口6-1流出,一部分带有小颗粒杂质的毛茶经风管进入第2分离筒8进行第2次除茶尘处理,小颗粒杂质在向上的吸力旋风的作用下经风管排出,完成2次除茶尘处理的毛茶第2分离筒6的出料口6-2流出。

(4)分粗细　将C步骤中流出的毛茶通过抖筛机9进行粗细筛分,从筛网9-1的网孔通过的细毛茶被接茶板9-2送至细茶振动槽10中;在筛网9-1的网面上移动的粗毛茶被送至粗茶振动槽16中,粗茶振动槽16的粗毛茶通过输送带送至切茶机15进行切段后,通过输送带送至储茶罐1的进口。

(5)分长短　将细茶振动槽10中的细毛茶通过输送带送至圆筛机14进行长短筛分,将细毛茶筛分得到筛面茶、碎茶和末端茶筛面茶和碎茶继续进行分级处理。

(6)分级　将E步骤得到的碎茶通过输送带送至风选机11进行风选分级,在第2吸风机11-1的吸力和重力的作用下,得到碎茶的正身茶、副茶和片茶。

(7)去梗　将在F步骤得到的正身茶通过移动输送带12送至茶叶拣梗机13进行茶和梗分离,分离出正身茶中的茶梗,即完成毛茶的筛分。[①]

---

①邓庆森,何梅珍,林家威,等.茶叶联合筛分生产线及筛分方法研究[J].农业研究与应用,2014,05:1-4.

第四节　六堡茶产品的质量要求

一、茶产品质量概述

(一)茶叶质量概念

茶叶质量是指茶叶的品质特性及其满足消费要求的程度。茶叶的品质特性是指茶叶本身固有的各种品质性状,包括感官品质特征、理化品质成分和茶叶的安全质量。感官品质特征,如茶叶的外形、汤色、香气、滋味和叶底;理化品质成分,包括茶叶中各种营养成分和保健成分等;茶叶的安全质量,包括各种对人体有毒有害物质含量。满足消费者的要求,指明示的要求和隐含的期望,明示要求是在文件中阐明的要求,如关于茶叶生产、加工及其茶叶本身的安全性等方面的法律法规的规定;国家、行业或地方制定的茶叶标准、规范和技术要求;市场对茶叶的要求,如食品标签、包装标识和市场准入条件等。隐含的期望是指消费者对茶叶的理解和要求,并没有文件规定,如消费者通常认为龙井茶是一种外形扁平光直、色绿、清香的茶叶,否则就不是龙井茶。满足消费要求的程度是指茶叶满足明示的要求和隐含的期望水平状态,生产的茶叶既要满足规定要求的客观水平,如茶叶质量标准,符合标准的茶叶质量就合格,合格是对茶叶质量的基本要求,但并不等于茶叶质量无缺陷。茶叶质量标准是根据一定时期的茶叶科技水平和经济状况而制定的,是相对稳定的,而消费者对茶叶质量的要求则是时时在变化的,因此,茶叶还要满足消费者的主观要求。

(二)茶叶质量要素

茶叶质量要素主要包括茶叶的感官品质、理化品质、安全质量、食品标签、包装标识和质量安全认证标志等。

感官品质是茶叶的外在品质,也是茶叶的商业品质,主要包括茶叶的外形、汤色、香气、滋味和叶底等 5 个方面。这些品质

主要靠感官检验来确定，根据专业审评人员正常的视觉、嗅觉、味觉、触觉感受，使用规定的评茶术语，或参照实物样对茶叶的感官特性进行评定，需要时还可以评分表述。茶叶感官审评必须依赖敏锐、熟练的评茶员，由于评审结果常受审评场所以及评茶员的主观原因、健康状况、知识水平以及经验等影响，因此，从第三者来看，往往对审评结果的客观性、普遍性有时产生疑虑。在科学仪器还难以将茶叶感官品质的质量完全进行数值化的今天，这种评定方法还是不可少的。

理化品质是茶叶的内在质量，主要靠仪器检测来判定。常见的茶叶理化品质指标指水分、灰分、水浸出物、粗纤维、水溶性灰分、酸不溶性灰分和水溶性灰分碱度等。水分和灰分直接与茶叶质量有关，水分含量过高，茶叶贮藏性差，不仅茶叶感官品质易发生改变，而且茶叶易变质，存在较大质量安全隐患。水浸出物关系到茶汤的浓度，粗纤维是茶叶嫩度的一个具体表现。因此，各类标准对相关的理化成分都设置了质量指标。此外，茶多酚、氨基酸、咖啡碱等与滋味有紧密相关性的成分也常常成为某些特定茶类的一个质量要素。

茶叶安全，是指长期正常饮用对人体健康不会带来危害。茶叶的安全质量，是茶叶质量的诸多特性之一。安全是根本，没有安全作保障，茶叶的质量尤其是茶叶的营养和保健价值就无从谈起。提高茶叶安全质量的目的就是降低茶叶对人体危害的风险，杜绝对人体有危害不安全茶叶的生产。茶叶的安全质量已超出传统的茶叶卫生或茶叶污染的范围。茶叶安全质量要素主要包括农药残留、有毒有害元素残留、有害微生物和其他污染物。

包装标签是指茶叶包装容器上的文字、图形、符号，以及一切说明物。预包装茶叶是指预先包装于容器中，以备交付给消费者的茶叶。茶叶包装标签上应标明茶叶产品名称、净含量、质量等级、生产日期、保质期、产品标准代号和生产厂商的名称和地址等要素，花茶还应标明配料表。

茶叶质量认证近年来越来越得到广泛认可，茶叶质量认证主要有无公害食品茶叶、绿色食品茶叶、有机茶和国家食品质量安全市场准入许可证(QS标志)。通过认证的茶叶,在包装上可以加贴相应的认证标志,便于消费者识别。

(三)茶叶质量要求

早期人们对茶叶质量的要求多限于茶叶的感官品质,即从茶叶的色、香、味、形等方面研究评价茶叶质量,在茶叶生产、收购、加工、产品调拨、验收以及出口成交,都以实物标准样来衡量茶叶品质高低,实行对样评茶。从1952年开始,我国先后建立起了全国统一的毛茶收购标准样、精茶加工标准样、茶叶贸易样以及出口茶检验最低标准样等共计有45套之多,其中主要有红毛茶13套、绿毛茶21套、黑毛茶4套、青毛茶(乌龙毛茶)2套、红碎茶4套和黄大茶1套,使我国茶叶产销逐步走向标准化。但是,从20世纪80年代后,随着我国茶叶产销的放开,制定全国统一的茶叶标准样工作也逐步解体。

随着化学分析手段的不断进步,人们开始探索并逐渐重视研究用茶叶中的化学成分来评定茶叶的品质。20世纪初,日本学者研究测定花青素的含量来评价绿茶品质。随后,印度和斯里兰卡的研究人员对红茶品质进行研究,认为红茶茶汤中的单宁及其氧化产物与红茶品质有密切关系。1963年,我国茶叶生化专家阮宇成研究员等在对茶儿茶素化学研究的基础上,提出了儿茶素品质指数。程启坤研究员通过对茶叶中与品质密切相关的化学成分氨基酸、茶多酚、咖啡碱、水浸出物、粗纤维、茶黄素和茶红素等的多年研究,于1978年提出了红茶内质浓度指标的红碎茶品质化学鉴定法;1985年又提出了《绿茶滋味化学鉴定法》。这些研究成果,大大推进了茶叶品质的化学成分鉴定工作。茶叶中经过分离鉴定的已知化学成分有500种以上,其中水分、灰分、茶多酚、咖啡碱、氨基酸、水浸出物、粗纤维等部分品质成分已制定了标准,作为茶叶化学品质的基本要求。

二、六堡茶产品质量要求

喝茶从来都是中国人健康、高雅、富有诗意的生活方式之一,而喝茶的目的无非是为身体健康和心灵愉悦;而心灵愉悦无疑要以身体健康为前提,否则毫无意义;而要身体健康无疑要选购到质量安全的茶品,可见茶叶选购之重要。近年来,随着六堡茶产业的持续发展和品牌价值、知名度的提高,关心和喜爱六堡茶的人士也越来越多,饮六堡茶、谈论六堡茶、收藏六堡茶、送六堡茶等逐渐形成为时尚。正确认识六堡茶产品的安全指标、感官指标、生产过程卫生条件及其相互联系,并掌握适当的鉴别方法等是必不可少的。

(一)六堡茶的卫生条件

1. 茶叶种植过程的必备条件

与食品相关的法规、标准规定必须符合以下基本条件。茶叶原料种植基地的环境空气质量、灌溉用水、茶园土壤等,应当分别符合 GB 3095—2012、GB 5084—2005、GB 15618—2008、DB45/T 435 等标准的规定。在茶叶种植过程中国家禁用的农药不能使用、允许使用的农药不能超范围超量使用、并确保足够的安全间隔时间。

2. 茶叶加工过程的必备条件

主要是指加工过程应当符合国家法定的卫生条件及国际公认的卫生规范要求,对茶叶类食品而言可归纳如下:①防止区厂环境受到污染物的污染;②与食品或食品表面接触的水的安全;③食品接触表面的卫生状况和清洁程度;④防止发生交叉污染;⑤员工手的清洗和消毒设施,以及厕所设施的维护;⑥防止食品被污染物污染;⑦有毒化合物的标记贮存和使用;⑧员工健康状况的控制;⑨防虫害和灭鼠;⑩卫生监控和纠偏。

(二)六堡茶地理标志产品保护公告中的特别规定

六堡茶于 2011 年 3 月 16 日成为国家地理标志保护产品,在国家质检总局发布的批准公告中明确规定:六堡茶产地范围为广西壮族自治区梧州市现辖行政区域;六堡茶质量的保护范围规定为特级、一至四级。茶树品种采用苍梧县群体种、广西大叶种及其分离、选育出来的品种、品系。

(三)六堡茶产品标准规定的质量要求

1. 六堡茶的定义

六堡茶的定义随着人们认识水平的提高而发展进步的。在现行 DB45/T 581《六堡茶》标准中,六堡茶(Liu Pao Tea)是指:在适宜加工的特定区域内,选用适制茶树(*Camellia sinensis* L. O. Kunts)的芽叶和嫩茎为原料,采用六堡茶初制工艺和六堡茶精制工艺加工制成,具有"六堡香"及红、浓、陈、醇等品质特征的黑茶。而所谓六堡香(Liu Pao flavour)是指:以六堡茶特定工艺加工制成的六堡茶所具有的以陈香、金花香、槟榔香等为主要特征的香气。六堡茶完整、准确的定义应当是以上标准规定与公告规定的融合。因此,只有在梧州市范围内按规定要求生产的黑茶才能称之为六堡茶,才具有与众不同的质量特色。

2. 六堡茶的分类和分级

在 DB45/T 581 标准中规定,按六堡茶的制作工艺和外观形态分类,分为六堡茶散茶、六堡茶紧压茶、袋泡六堡茶、陈年六堡茶等类别。其中,六堡茶紧压茶外形有圆饼形、砖形、沱形、圆柱形等多种形状和规格。

3. 六堡茶的感官指标要求

根据《六堡茶质量技术要求》及 DB45/T 581 标准的规定,六堡茶散茶各等级感官品质指标应符合表 3-1 的规定。

表 3-1　六堡茶散茶感官指标

级别	外形				内质			
	条索	整碎	色泽	净度	香气	滋味	汤色	叶底
特级	紧细、圆直	匀整	黑褐,黑,油润	净	陈香纯正	陈,醇厚	深红,明亮	褐,黑褐,细嫩柔软,明亮
一级	紧结、尚圆直	匀整	黑褐,黑,油润	净	陈香纯正	陈,尚醇厚	深红,明亮	褐,黑褐,尚细嫩柔软,明亮

续表 3-1

级别	外形				内质			
	条索	整碎	色泽	净度	香气	滋味	汤色	叶底
二级	尚紧结，尚圆	较匀整	黑褐，黑，尚油润	净，稍含嫩茎	陈香纯正	陈，浓醇	尚深红，明亮	褐，黑褐，柔软，明亮
三级	粗实、紧卷	较匀整	黑褐，黑，尚油润	净，有嫩茎	陈香纯正	陈，尚浓醇	红，明亮	褐，黑褐，尚柔软，明亮
四级	粗实	较匀整	黑褐，黑，尚润	净，有茎	陈香纯正	陈，醇正	红，明亮	褐，黑褐，稍硬，明亮

4. 六堡茶的安全性要求

DB45/T 581 标准规定六堡茶应品质正常、无污染、无劣变、无异味，不得添加任何非食用物质和食品添加剂。此外，该标准中还规定了六堡茶常规理化指标和安全性指标，其中安全性指标应符合 GB 2762—2012 和 GB 2763—2014 规定，目前一般安全性应符合表 3-2 规定。现行 GB 2763 的有效版本是 2014 年版，其中对茶叶中农药最大残留限量的指标已经由 25 项扩充至 28 项，如表 3-3 所示。表 3-3 表明我国对茶叶安全的要求大为提高，但与日本(276 项)、欧盟(454 项)、中国香港特别行政区(45 项，2014 年 8 月 1 日实施)等国家或地区相比仍然相当宽松。

表 3-2　六堡茶一般安全性指标

项目	指标
铅(以 Pb 计)/(mg/kg)	≤5.0
稀土/(mg/kg)	≤2.0
大肠菌群/(MPN/100 g)	≤300
致病菌(沙门氏菌、志贺氏菌、金黄色葡萄球菌)	不得检出

表 3-3 六堡茶最新的农药最大残留限量

项目	食品类别/名称	最大残留限量/(mg/kg)
(杀菌剂)苯醚甲环唑(difenoconazole)	茶叶	10
(杀虫剂)吡虫啉(imidacloprid)	茶叶	0.5
(除草剂)草铵膦(glufosinate-ammonium)	茶叶	0.5*
(除草剂)草甘膦(glyphosate)	茶叶	1
(杀虫剂)除虫脲(diflubenzuron)	茶叶	20
(杀螨剂)喹螨醚(fenazaquin)	茶叶	15(新增)
(杀螨剂)哒螨灵(pyridaben)	茶叶	5
(杀虫剂/杀螨剂)丁醚脲(diafenthiuron)	茶叶	5*
(杀菌剂)多菌灵(carbendazim)	茶叶	5
(杀虫剂)氟氯氰菊酯和高效氟氯氰菊酯(cyfluthrin 和 beta-cyfluthrin)	茶叶	1
(杀虫剂)氟氰戊菊酯(flucythrinate)	茶叶	20
(杀虫剂)甲氰菊酯(fenpropathrin)	茶叶	5
(杀虫/杀螨剂)联苯菊酯(bifenthrin)	茶叶	5
(杀虫剂)硫丹(endosulfan)	茶叶	10*
(杀虫剂)氯氟氰菊酯和高效氯氟氰菊酯(cyhalothrin 和 lambda-cyhalothrin)	茶叶	15
(杀虫剂)氯菊酯(permethrin)	茶叶	20
(杀虫剂)氯氰菊酯和高效氯氰菊酯(cypermethrin 和 beta-cypermethrin)	茶叶	20
(杀虫剂)氯噻啉(imidaclothiz)	茶叶	3*(新增)
(除草剂)灭多威(methomyl)	茶叶	3
(除草剂)噻螨酮(hexythiazox)	茶叶	15(新增)
(杀虫剂)噻虫嗪(thiamethoxam)	茶叶	10
(杀虫剂)噻嗪酮(buprofezin)	茶叶	10
(杀虫剂)杀螟丹(cartap)	茶叶	20
(杀虫剂)杀螟硫磷(fenitrothion)	茶叶	0.5*
(杀虫剂)溴氰菊酯(deltamethrin)	茶叶	10
(杀虫剂)乙酰甲胺磷(acephate)	茶叶	0.1
(杀虫剂)滴滴涕(DDT)	茶叶	0.2
(杀虫剂)六六六(HCB)	茶叶	0.2

* 该限量为临时限量。

(四)建立食品防护计划

对于六堡茶的安全问题,除了要符合六堡茶的安全性要求外,在出口食品及部分进口国家的法规中,针对食品安全监控体系薄弱环节发生蓄意投放污染物的问题,还要求建立并实施"食品防护计划",以确保食品的安全。

(五)六堡茶的感官指标缺陷

品质正常的六堡茶有赖于生产过程的良好控制,一切生产工艺的控制不足或过度都会导致六堡质量发生变化,当这种变化超过了一定的限度就变成了一种缺陷。凡六堡茶感官指标不符合 DB45/T 581 标准规定即为缺陷,具体有:成品干茶中的烟味、条索松散、砂石杂质过多、轻漂杂质过多、活害虫;干茶和叶底中的花杂、花青;茶汤中的混浊、酸馊味、霉味、水气、水味、熟味(石味或碱味)、臭青味、烟气、烟味、焦苦味、泥土味;叶底中的发黑变硬等等。

(六)六堡茶质量合格的判定

可见,与所有食品一样,六堡茶的质量形成在生产全过程之中,其生产过程的内涵远比最终产品标准规定要求丰富得多,生产过程的卫生、安全必须符合相关法律、法规、规范、标准等方面的规定要求才有意义。因此,生产过程合格远比最终产品检验合格更加重要,而按产品标准对最终产品的检验,只是部分验证了生产过程是否合格;只有生产过程、最终产品检验都合格,才是全面的、完整的合格。[①]

①吴平.论六堡茶的选购:基于认证对茶叶质量安全的保证作用[J].茶叶,2015(1):19-28.

❀ 第四章 六堡茶的贮藏

第一节 六堡茶大容量贮藏

一、影响六堡茶大容量贮藏的因素

茶叶在贮藏过程中内含品质成分会发生各种变化，导致茶叶色、香、味等感官品质下降，变化的大小直接受茶叶水分、温度、氧气、光线等条件的影响，影响茶叶贮藏的这四个因子排序是水分（占 31%）、氧气（占 26%）、光线（占 24%）、温度（占 19%）。对于六堡茶存放的陈化状况主要有四个要素：温度、湿度、通风、无异味，存放的最佳环境，温度为 20～30℃、相对湿度 65%～75%，存放的好坏会影响六堡茶的口感与茶气。连续阴雨的天气对于普通人而言不过是潮湿罢了，但是对于藏茶的爱好者或者茶商而言，损失的是白花花的银子。

（一）水分

水分是茶叶内各种生化反应的介质，物质含水量越多，化学反应速度就越快，物质的变化就越显著。食品理论认为，绝对干燥的食品中因各类成分直接暴露于空气，容易受到空气中氧的氧化。而当水分子以氢键和食品成分结合、呈单分子层状态时，就好像给食品成分表面蒙上一层保护膜，从而使受保护物质得到保护，氧化进程变缓，食品研究中把这部分水分称为“活性水”。“活性水”的含量决定了各种变质反应的速度，初步实验认为，茶叶的“活性水”含量一般为 4%～5%，有的测定认为是 3%左右，也就是当茶叶的含水量在 3%左右时，茶叶成分与水分子几乎呈单分子层关系，可以较好地把茶叶中蜡质与空气中的氧分子隔离开来，阻止蜡质的氧化变质。但当水分含量超过这一水平后，情况就完全不同，这时的水分不但不能起保护膜作用，反而起到了溶剂的作用，会使化学变化更加激烈进行。溶剂特性之一是使溶解后的物质加快扩散，从而使反应加剧，变质加速。主要表现之一是叶绿素会迅速降解，茶多酚自动氧化和酶促氧化，进一步聚合成高分子产物，尤其是色泽变质的速度呈直线上升。

（二）氧气

氧几乎能与所有元素相化合，而使之成为氧化物。在平常空气中大部分是分子态氧，其自身的反应性并不很强，然而，当其一旦与其他物质相结合，特别是有能促进反应的酶存在，这种氧化作用就会变得很激烈，在酶失活的情况下，各种化合物仍能被分子态氧所氧化，只是速度缓慢得多而已。茶叶中儿茶素的自动氧化，维生素C的氧化，茶多酚残留酶催化的多酚类氧化，以及茶黄素、茶红素的进一步氧化聚合，均与氧的存在有关。脂类主要是游离脂肪酸氧化，产生陈味物质，也有氧的直接参与和作用。在贮藏过程中，茶多酚、维生素C、叶绿素、游离脂肪酸等内含物质的氧化结果，使绿茶汤色变深，红茶汤色变褐，茶叶香气下降，出现陈味，从而导致茶叶品质降低。

（三）光线

光的本质是一种能量。光线照射可以提高整个体系的能量水平，对茶叶贮藏产生极为不利的影响，加速各种化学反应的进行。光照能促进茶叶中的色素和脂类物质的氧化，特别是叶绿素易受光的照射而褪色，紫外线的照射更为明显，其中叶绿素b比叶绿素a有更大的光敏性，贮藏时光照使叶绿素b的含量减少更多。六堡茶在储藏中尽量选择阴凉避光忌日晒的地方。

（四）温度

温度是引起茶叶变质的直接原因之一，它的作用主要是加快茶叶的自动氧化。据研究，温度每提高10℃，茶叶汤色和色泽的褐变速度加快3～5倍，而冷藏对抑制氧化褐变有良好效果，如将茶叶贮藏在－5℃以下，茶叶的氧化变质即极其缓慢；如将茶叶贮藏在－20℃以下，即可久藏而不变质。在贮藏过程中，具有新茶香及其他良好香气的主要成分，均随贮藏时间的延长而逐渐减少；温度愈高，对茶叶香气有良好作用的成分减少愈多。反之，随着贮藏时间延长，贮藏温度增高，具有不愉快体验的气味物质则日益生成和增多。因此，低温贮藏是保持茶叶品质最有效的方法。但六堡茶属后发酵茶，需要一定的后熟温度和需经一定后熟温度，品质反而有所提高。但温度太高会使茶叶加速发酵变酸，温度太低则六堡茶后熟的速度太慢，所以六堡茶一般采用常温贮藏法。

二、六堡茶贮藏注意事项

六堡茶在加工初期进行了杀青或炒青，即钝化了茶叶中的氧化酶。但在加工中后期，六堡茶又进行了渥堆发酵工艺，通过微生物培养，微生物产生的氧化酶又与茶叶中的茶多酚发生氧化反应。而且由于微生物一直处于活跃状态，茶多酚的氧化反应一直在进行。所以六堡茶是六大茶类中最为特殊的一大类，它与日月同在，与环境共生，其他茶类忌氧化、忌潮湿，而黑茶却在自然环境条件下，品质不断得到升华。黑茶在贮藏过程中应注意以下几点。

①保持存放六堡茶的室内通风性良好，忌潮湿。

②如果空气湿度大于60%以上时，应定期抽湿或勤打开门窗通风，以免因空气潮湿而使六堡茶发霉(开两个小时空调也是好方法)。

③严禁与有强烈异味如油漆类、酒类、含化学挥发气味类物质存放一室。

④每年夏季阳光温度强烈时，置茶在通风口上晾晒3～7 d，注意避免阳光直射。

⑤建议存放于家中的书房、客厅、卧室，这样既可通风，亦可改善房屋内的空气质量，改善家居生态环境，随时能嗅到茶香，

同时又达到保藏的目的，一举几得。

⑥严禁水浸或摔抛，外形或包装的破损都会对其保藏价值打折扣。

三、六堡茶贮藏方式

被许多人所津津乐道的“石灰块保藏法”“瓶保藏法”“真空贮藏法”等。这些方法对对六堡茶来说适宜不适宜呢？如果针对普遍意义的茶来说，这些方法都有道理，但如果针对六堡茶的存储来说，这些做法就不一定正确了。“石灰块保藏法”“热水瓶保藏法”“抽气贮藏法”多是指绿茶而言的，而“抽真空”“冷藏”等做法，也常见于闽南乌龙茶如铁观音、本山等。这些方法主要是让茶叶远离岁月的侵染，在岁月的流逝中，茶叶还能保持一份独立于岁月之外的青春。对于六堡茶，我们需要在储存中让它随着岁月一同改变，烙上岁月的沧桑和印记，能够在品味六堡茶的过程中，感受生活的悠长、美好、无奈与淡然。

六堡茶的“红、浓、陈、醇”，是要经过漫长的陈化过程的。一份六堡茶的好与不好，买回来如何贮藏，至关重要。一般来说，六堡茶的存可以划分为三个阶段。

第一阶段(3 年)：自然存放。一是要单独放置，洁身自好。不要让茶叶沾染上其他杂味异味。二是要放在阴凉通风的地方。三是要定期调换存放位置。一年(或半年、一季度、一个月均可)把它们的位置换一换，原来放在下面的，就把它们放在上面，放中间的，就把它们放在旁边。

第二阶段(3～6 年)：罐装存放，经过约 3 年后，就可以可把六堡茶放入罐装(陶罐、缸均可)，这样再存放 3 年左右，同时也可以参照第一个阶段，定期进行存放位置的调换。有这两个阶段的贮藏，茶叶就很好喝了。

第三阶段(不定)：纠偏，如果仓储味道太浓，不妨在每年 10 月或者是 11 月吹北风的时候，放在通风的地方，让自然风把六堡茶的味道吹去，千万不要被太阳光直射。自然风吹过之后，虽然六堡茶的仓储味道已经是去掉了，仍然可以让它在罐中“回润”。

六堡茶“愈陈愈好”，但也不是“越长越好”，一般来说，六堡茶有15年左右就很好喝了，基本上四大特征都充分地体现了出来，太陈了，就变成旧时说六堡茶作药用的那种了。这样一边珍藏，一边品饮，饮完陈年的，新的也变陈了，长年都有陈年六堡茶喝了。

总之，影响茶叶存储、导致其发生变化、陈化的四大因素是温度、湿度、氧气、光线，再有就是陈放环境的干净、气味等。六堡茶的存储，需将这些因素加以分析，其中恰当的温度湿度等为利于陈化的因素，阳光直射、杂味串味等为劣变因素则须注意避免。

第二节　六堡茶的家庭用茶贮藏

一、开过的茶饼/散茶

一般建议将六堡茶置于陶瓷缸中存放。在家可把即将要喝的六堡茶拆去包装，整块或用撬茶刀小心将其开松成小片，用宣纸或无味吸潮的纸张包好后放入小型的陶瓷茶罐（图4-1）存放。同理散茶亦可用同样的方式。

图4-1　陶瓷茶罐

注：如果是经常拿出来喝的茶就不用纸包了直接置于罐中就可，只要注意不要吸收异味就可！（潮湿天气不建议大家用紫砂罐存放茶叶，通风透气会吸收水分）

二、整饼和整篓茶叶的存放

整饼和整篓茶叶的存放就比较严谨了，很多茶友买来的好茶都不舍得喝，有些一放就是几年，那防潮防异味就不得不仔细了，万一发霉了就太可惜了，不光是茶的原因，还有对茶的那份执着的感情！那该怎么存放呢！步骤如下。

步骤一：准备牛皮纸(一定得没有异味的)木炭，牛皮纸袋。

步骤二：将茶饼或者整篓茶用纸袋或者整张牛皮纸包装起来。

步骤三：将包装好的茶叶置于准备好的纸箱内，把木炭置于空位，用一张牛皮纸把茶叶隔开，箱内不要太满，保持20%的空位，然后密封，把纸箱放在干燥无异味通风处。

参考文献

[1] 姚美芹.茶树栽培技术[M].昆明:云南大学出版社,2014.
[2] 罗学亮,等.中国茶道与茶文化[M].北京:金盾出版社,2014.
[3] 邹彬.优质茶叶生产新技术[M].石家庄:河北科学技术出版社,2013.
[4] 包小村.茶树栽培与茶叶加工实用技术[M].长沙:中南大学出版社,2011.
[5] 朱自励.茶艺理论与实践[M].北京:中国人民大学出版社,2014.
[6] 马士成.六堡茶大观[M].桂林:漓江出版社,2016.
[7] 陈文华.茶叶的种植、加工和审评[M].南昌:江西教育出版社,2011.
[8] 胡朝兴.果桑茶树园艺工[M].北京:中国农业大学出版社,2013.
[9] 彭庆中.中国六堡茶[M].北京:中国科学技术出版社,2016.
[10] 曾强.中国六堡茶[M].桂林:漓江出版社,2012.
[11] 覃柱材,吴浩岭.六堡茶[M].南宁:广西人民出版社,2009.
[12] 诸葛天秋,林朝赐,罗跃新,等.浅谈广西茶树种质资源保护的重要性[J].广西农学报,2011(5):51-53.
[13] 韦静峰,文兆明.广西六堡茶[J].广西农学报,2008(3):45-47.
[14] 阙能才.四川茶叶制造[M].北京:知识产权出版社,2012.
[15] 何建国.益阳安化黑茶[M].长沙:中南大学出版社,2013.
[16] 农业部工人技术培训教材编审委员会.茶叶初精制技术[M].北京:中国农业出版社,1994.

[17] 江用文. 中国茶产品加工[M]. 上海：上海科学技术出版社，2011.

[18] 朱旗. 茶学概论[M]. 北京：中国农业出版社，2013.

[19] 秦泉. 中国茶经大典[M]. 汕头：汕头大学出版社，2014.

[20] 郑乃辉. 茶叶加工新技术与营销[M]. 北京：金盾出版社，2011.

[21] 赵超艺，等. 名优茶生产实用技术[M]. 广州：广东科技出版社，2008.

[22] 陈宗懋. 中国茶叶大辞典[M]. 北京：中国轻工业出版社，2000.

[23] 潘永康，王喜忠，刘相东. 现代干燥技术[M]. 北京：化学工业出版社，2007.

[24] 吴平. 论六堡茶的选购：基于认证对茶叶质量安全的保证作用[J]. 茶叶，2015，(1)：19-28.

[25] 邓庆森，何梅珍，林家威，等. 茶叶联合筛分生产线及筛分方法研究[J]. 农业研究与应用，2014，5：1-4.

[26] 何梅珍，黄达勤，石荣强，等. 六堡茶渥堆发酵自动控制技术研究[J]. 安徽农业科学，2013，24：10136-10138.